职业教育网络信息安全专业系列教材

信息安全产品配置与应用

主　编　乔得琢　王　帅

副主编　李宇鹏　卢小娜　周　茂　刘旭晨　路文焕

参　编　贾鹏宇　梁江峰　史　文　张东菊

　　　　马丽红　李传波　张　弛　贾世奎

U0255987

机械工业出版社

INFORMATION SECURITY

本书是一本网络安全防御方面的入门书籍，简单介绍了网络架构模块划分、企业网络面临的安全威胁、基本的网络安全原理以及相应的技术应用。全书共有 4 个项目：项目 1 主要介绍了网络架构的模块划分及构建实验环境；项目 2 讲述了桌面环境中的安全配置及习惯养成；项目 3 讲述了园区网模块中路由器和交换机上生成树协议、SSH、VRRP、DHCP、ARP 等协议的安全配置，以及在防火墙上配置 NAT、应用安全策略、IPS、IPSec VPN；项目 4 讲述了数据中心模块中的磁盘阵列、远程管理服务器、服务器操作系统安全设置、配置 iSCSI 服务及日志系统的配置。

本书适合作为各类职业院校网络信息安全及相关专业的教材，也可作为从事企业网络安全维护人员的参考用书。

本书配套微课视频（扫描书中二维码免费观看），通过信息化教学手段，将纸质教材与课程资源有机结合，成为资源丰富的"互联网＋"智慧教材。

本书还配有电子课件，选用本书作为教材的教师可以从机械工业出版社教育服务网（www.cmpedu.com）免费注册下载或联系编辑（010-88379194）咨询。

图书在版编目（CIP）数据

信息安全产品配置与应用 / 乔得琢，王帅主编. 一

北京：机械工业出版社，2019.5（2022.6重印）

职业教育网络信息安全专业系列教材

ISBN 978-7-111-62460-8

Ⅰ. ①信⋯　Ⅱ. ①乔⋯ ②王⋯　Ⅲ. ①信息安全—安全技术—职业教育—教材　Ⅳ. ①TP309

中国版本图书馆CIP数据核字（2019）第068190号

机械工业出版社（北京市百万庄大街22号　邮政编码100037）

策划编辑：梁　伟　　　责任编辑：李绍坤

责任校对：马立婷　　　封面设计：鞠　杨

责任印制：单爱军

北京虎彩文化传播有限公司印刷

2022年6月第1版第3次印刷

184mm×260mm · 15印张 · 378千字

标准书号：ISBN 978-7-111-62460-8

定价：42.00元

电话服务　　　　　　　　　网络服务

客服电话：010-88361066　　机 工 官 网：www.cmpbook.com

　　　　　010-88379833　　机 工 官 博：weibo.com/cmp1952

　　　　　010-68326294　　金 书 网：www.golden-book.com

封底无防伪标均为盗版　　　机工教育服务网：www.cmpedu.com

前言

IT 部门作为企业信息技术的实践者，为企业业务提供更敏捷、更安全、更高效和更灵活的服务。现代企业越来越重视整体的网络安全，对客户端、服务器和传输设备的安全设置提出了更高的要求。

本书围绕一家本地网络公司的网络改造项目的安全部分来构建，主要内容包括 4 个项目，介绍了如何对中小型网络安全进行规划，并依据网络模块进行安全部署。

项目 1 介绍了如何把企业网络架构划分为不同模块，把复杂的网络安全问题进行分类，分区域完成企业内部的安全防护。同时分析了网络安全特性并分模块讲解网络面临的安全威胁，使用模拟器软件 eNSP 构建网络安全实验环境。

项目 2 介绍了桌面环境安全实现，包括桌面安全分析、个人操作系统安全配置、个人版杀毒软件、防火墙及安全辅助软件、无线环境应用安全实现，同时培养使用网络设备的安全习惯。本项目是企业桌面工程师为生产环境下普通用户进行的安全防护。

项目 3 介绍了服务器模块安全实现，包括共享存储配置磁盘阵列、远程管理服务器、服务器操作系统安全设置、共享存储配置 iSCSI 服务及客户端、数据备份及日志系统等功能的安全实现。本项目是系统工程师对数据中心做的安全加固。

项目 4 介绍了园区网模块安全实现，包括路由器 / 交换机基础配置、生成树安全配置、配置虚拟路由冗余协议、SSH 安全配置、DHCP 服务安全配置、攻击防范及 ARP 安全、防火墙基础配置、防火墙配置 NAT 和防火墙策略、开启防火墙入侵防御功能、防火墙配置 IPSec VPN 等。

本书内容详实，条理清晰，在完成任务的同时配合了大量的知识储备和任务拓展环节，让读者在不断实施任务的过程中掌握相关内容。阅读本书需要具备一定的网络基础知识。

读者在学习过程中，可根据自身的基础知识情况，每个任务可分配 2 ～ 4 学时。

本书由乔得琢、王帅任主编，李宇鹏、卢小娜、周茂、刘旭晨和路文焕任副主编，参加编写的还有贾鹏宇、梁江峰、史文、张东菊、马丽红、李传波、张驰和贾世奎。

虽然在本书的编写过程中编者倾注了大量的心血，但书中仍可能存在疏漏，还请广大读者不吝赐教。

编　者

二维码索引

序号	任务名称	图形	页码
1	项目1 网络信息环境分析		1
2	项目2 桌面环境安全实现		18
3	项目3 任务1共享存储配置磁盘阵列		44
4	项目3 任务2远程管理服务器		56

目 录

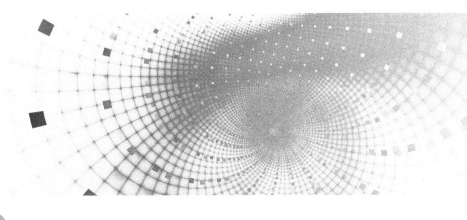

项目1 网络信息环境分析

扫描二维码
观看视频

项目概述

本项目分为 3 个任务，第一个任务是对企业网络架构进行分析；第二个任务是了解网络信息环境面临的安全威胁；第三个任务是搭建实验环境。

 企业网络架构分析

【任务描述】

本任务讲述什么是企业网，企业网架构由哪些模块构成，各模块实现的功能，以及园区网模块如何进行层级划分和各层设计要点。

【任务分析】

作为网络工程师维护企业网络安全的前提条件，首先要熟悉企业网络，这样才能把复杂的网络安全问题进行分类，分区域地完成企业内部的安全防护。

【任务实施】

企业的业务总是在不断地发展，对网络的需求也是在不断地变化，这就要求企业网络应该具备适应这种需求不断变化的能力。因此，了解企业网络的架构如何适应业务的需求变得十分必要，也是解决网络安全问题的基础。

企业网络是指某个组织或机构的网络互联系统。企业使用该互联系统主要用于文件服务器、Web 服务器、数据库服务器等，并使用 OA 系统实现用户间的高效协同工作。现在，企业网络已经广泛应用在各行各业中，包括小型办公室、教育、政府和银行等行业或机构。

企业网络架构很大程度上取决于企业或机构的业务需求。大型企业网络往往跨越了多个物理区域，所以需要使用远程互联技术来连接企业总部和分支机构，出差的员工能随时随地接入企业网络实现移动办公，企业的合作伙伴和客户也能够及时高效地访问到企业的相应资源及工具。在实现远程互联的同时，企业还会对传输数据过程中的私密性和安全性进行考虑，对远程互联技术进行选择。企业网架构如图1-1所示。

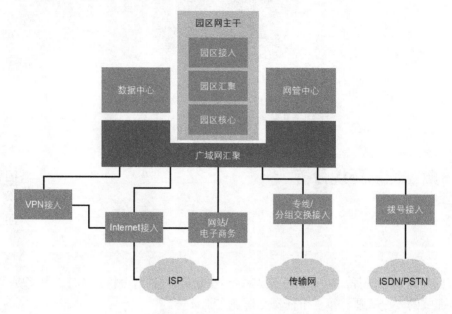

图1-1 企业网络架构

企业网络架构主要分为园区网模块、数据中心模块、网管中心模块、广域网模块。

数据中心模块可以将计算、存储、网络、虚拟化和管理集成到同一个平台上。它实现操作的简便性和运作的灵活性，满足未来云计算服务的需求。企业的文件服务、Web服务、数据库服务、邮件服务、OA系统、日志系统、ERP系统等服务都运行在此模块上。

网管中心模块是执行网络管理和控制任务，对网络进行动态监督、组织和控制，提升网络服务。

广域网模块是企业网接入Internet的边缘模块，根据不同的接入模式和业务需求，分为Internet接入、网站/电子商务模块、专线/分组交换机接入、拨号接入、VPN接入等接入Internet方式，或作为服务方供移动办公人员和分支机构接入。

园区网模块作为企业网的核心部分，承载着企业内部所有的数据交换，也是企业内部和企业外部数据交换的枢纽，大型企业网络通常会采用多层网络架构来优化流量分布，并应用各种策略进行流量管理和资源访问控制，一般采用3层模型，即核心层、汇聚层和接入层；而小型企业通常只有一个办公地点，一般采用扁平网络架构进行组网，这种扁平网络能够满足用户对资源访问的需求，并具有较强的灵活性，同时又能大大减少部署和维护成本。小型企业网络通常缺少冗余机制，可靠性不高，容易发生业务中断。大型网络和小型网络拓扑对比图如图1-2所示。大型企业网络对业务的连续性要求很高，所以通常会通过网络冗余备份来保证网络的可用性和稳定性，从而保障企业的日常业务运营。多层网络设计也可以使网络易于扩展。大型企业网络采用模块化设计能够有效实现网络隔离并简化网络维护，避免某一区域产生的故障影响到整个网络。

网络分层模型各层功能：

核心层：核心层是网络的高速交换主干，对整个网络的连通起到至关重要的作用。核心层应该具有如下几个特性：可靠性、高效性、冗余性、容错性、可管理性、适应性、低延时性等。

在核心层中，目前应该采用万兆接口以上交换机。因为核心层是网络的枢纽中心，重要性突出，核心层设备采用双机冗余热备份是非常必要的，也可以使用负载均衡功能，来改善网络性能。网络的控制功能最好少在汇聚层上实施。核心层一直被认为是所有流量的最终承受者和汇聚者，所以对核心层的设计以及网络设备的要求十分严格。核心层设备将占投资的主要部分。

汇聚层：汇聚层是网络接入层和核心层的"中介"，就是在工作站接入核心层前先做汇聚，以减轻核心层设备的负荷。汇聚层必须能够处理来自接入层设备的所有通信量，并提供到核心层的上行链路，因此汇聚层交换机与接入层交换机比较，需要更高的性能，更少的接口和更高的交换速率。汇聚层具有实施策略、安全、工作组接入、虚拟局域网（VLAN）之间的路由、源地址或目的地址过滤等多种功能。在汇聚层中，应该采用支持三层交换技术和VLAN的交换机，以达到网络隔离和分段的目的。

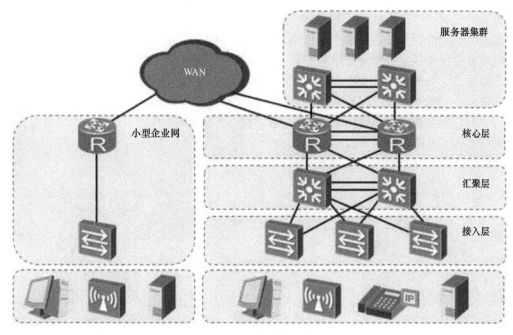

图 1-2　网络拓扑图对比

接入层：通常将网络中直接面向用户连接或访问网络的部分称为接入层，接入层的目的是允许终端用户连接到网络，因此接入层交换机具有低成本和高端口密度特性。在接入层设计上主张使用性价比高的设备。接入层是最终用户（员工）与网络的接口，它应该具备即插即用的特性，同时应该非常易于使用和维护，同时要考虑端口密度的问题。接入层为用户提供了在本地网段访问应用系统的能力，主要解决相邻用户之间的互访需求，并且为这些访问提供足够的带宽，接入层还应当适当负责一些用户管理功能（如地址认证、用户认证、计费管理等），以及用户信息收集工作（如用户的 IP 地址、MAC 地址、访问日志等）。

为了方便管理、提高网络性能，大中型网络应按照标准的三层结构设计。但是，对于网络规模小，联网距离较短的环境，可以采用"收缩核心"设计。忽略汇聚层，核心层设备可以直接连接接入层，这样一定程度上可以省去部分汇聚层费用，还可以减轻维护负担，更容易监控网络状况。

1. 数据中心简介

数据中心网络是指 ISP 服务提供商或内容服务提供商的网络。

数据中心是一整套复杂的设施。它不仅包括计算机系统和其他与之配套的设备（例如，通信和存储系统），还包含冗余的数据通信连接、环境控制设备、监控设备以及各种安全装置，如图 1-3 所示。

数据中心网络有以下几个特点：

可扩展性：可扩展性是指设备或网络架构设计成为模块结构，并且具有高可靠性，可以与新设计的功能模块组合成新型装备，具有良好的系统功能。

负载均衡：负载均衡有两种，即基于网络的负载均衡和基于服务器的负载均衡。基于网络的负载均衡建立在现有网络结构之上，它提供了一种廉价有效、透明的方法扩展网络设备和服务器的带宽、增加吞吐量、加强网络数据处理能力、提高网络的灵活性和可用性。基于服务器的负载均衡就是分摊到多个操作单元上执行，例如，Web 服务器、FTP 服务器、企业关键应用服务器和其他关键任务服务器等，从而共同完成工作任务。

容错性：它是指在故障存在的情况下计算机系统不失效，仍然能够正常工作的特性。

高带宽：受成本以及技术成熟度的制约，传统数据中心网络以千兆接入为主，并通过链路聚合、增加等价路径等技术手段增加网络带宽。目前 10G/40G/100Gbit/s 的网络带宽已成为数据中心事实上的标准。

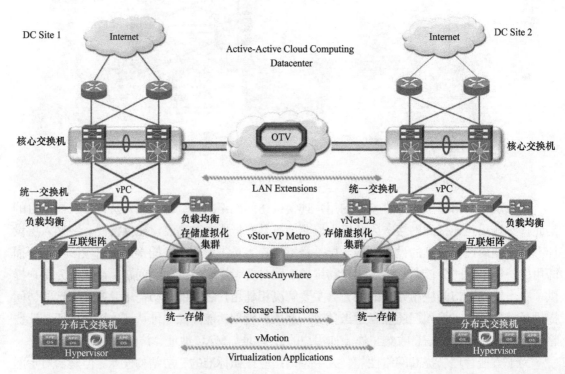

图 1-3 数据中心网络

高可用性：它是指一个系统经过专门的设计，减少停工时间，并保持其服务的高度可用性。计算机系统的可靠性用平均无故障时间（MTTF）来度量，即计算机系统平均能够正常运行多长时间才发生一次故障。系统的可靠性越高，平均无故障时间越长。

高可管理性：服务器和网络设备通过在服务器主板上集成了各种传感器，用于检测服务器上的各种硬件设备，同时配合相应的管理软件，可以远程检测服务器，网络管理员对设备进行及时有效的管理。

数据中心可以将计算、存储、网络、虚拟化和管理集成到同一个平台上。实现操作的简便性和运作的灵活性，满足未来云计算服务的需求。具体可以实现的功能有以下几项：

Web 托管：为用户设备提供机位以及对设备的日常基本管理服务；在公用机房为用户设备提供机架以及对设备的日常基本管理服务；为用户提供相对独立、封闭或半封闭的环境寄存用户设备。

云计算：云计算是一种按使用量付费的模式，这种模式提供可用的、便捷的、按需的网络访问，进入可配置的计算资源共享池（资源包括网络、服务器、存储、应用软件、服务），这些资源能够被快速提供，只需进行很少的管理工作或与服务供应商进行很少的交互。如亚马逊 AWS、微软的 Azure、阿里云、新浪云和百度云等云平台。

虚拟化：在一台计算机上同时运行多个逻辑计算机，每个逻辑计算机可运行不同的操作系统，并且应用程序都可以在相互独立的空间内运行而互不影响，从而显著提高计算机的工作效率。如 VMware ESX、Windows Hyper-v、Xen Server 和 KVM 等企业级虚化平台。

统一存储：它是一个能在单一设备上运行和管理文件及应用程序的存储系统。为此，统一存储系统在一个单一存储平台上整合基于文件和基于块的访问，支持基于光纤通道的 SAN、iSCSI（基于 IP 的 SCSI）和 NAS（网络附加存储）。

2. 服务器简介

服务器是提供计算服务的设备。服务器应具备承担服务并且保障服务的能力，服务器需要响应服务请求，并进行处理。

（1）服务器的构成及特性

服务器的构成包括处理器、硬盘、内存、系统总线、网卡等，和通用的计算机架构类似。但为了给客户机提供安全可持续的服务，服务器在性能、稳定性、可靠性、安全性、可扩展性、可管理性等方面要求较高。

性能：服务器的 CPU 类型、主频和数量在一定程度上决定服务器性能，内存的容量、硬盘的读取和写入速度、网卡的传输速度以及采用的芯片组，都能对服务器性能产生重要影响。

可靠性：服务器能够容忍本身 CPU、内存、硬盘、电源、网卡等各类错误，使用冗余风扇、冗余电源、冗余内存、冗余网卡、硬盘冗余阵列等技术来降低单点故障。

可扩展性：服务器上具备一定的可扩展空间和冗余件（如磁盘阵列架位、PCI 和内存条插槽位等）。具体体现在硬盘和内存是否可扩充，CPU 是否可升级或扩展，只有这样才能保持前期投资为后期充分利用。

易使用性：主要体现在服务器是不是容易操作，用户导航系统是不是完善，机箱设计是不是人性化，有没有关键恢复功能，是否有操作系统备份，以及有没有足够的培训支持等。

可用性：即所选服务器能满足长期稳定工作的要求，不能经常出问题，除了要求各配件质量过关外，还可采取必要的技术和配置措施，如硬件冗余、在线诊断等。

可管理性：服务器的可管理性还体现在服务器有没有智能管理系统，有没有自动报警功能，是不是有独立于系统的管理系统。

（2）服务器类型

根据服务器的服务类型可分为文件服务器、数据库服务器、应用程序服务器、Web 服务器、OA 服务器和流媒体服务器等。

按服务器的 CPU 类型可分为：非 x86 服务器和 x86 服务器。

非 x86 服务器：包括大型机、小型机和 UNIX 服务器，它们是使用 RISC（精简指令集）或 EPIC（并行指令代码）处理器，并且主要采用 UNIX 和其他专用操作系统的服务器，精简指令集处理器主要有 IBM 公司的 POWER 和 PowerPC 处理器，SUN 与富士通公司合作研发的 SPARC 处理器；EPIC 处理器主要有 Intel 研发的安腾处理器等。这种服务器价格昂贵，体系封闭，但是稳定性好，性能强，主要用在金融、电信等大型企业的核心系统中。

x86 服务器：又称 CISC（复杂指令集）架构服务器，即通常所讲的 PC 服务器，它是基于 PC 体系结构，使用 Intel 或其他兼容 x86 指令集的处理器芯片和 Windows 操作系统的服务器。价格便宜、兼容性好、稳定性较差、安全性不算太高，主要用在中小企业和非关键业务中。

根据服务器的外形，可以把服务器划分为机架式服务器、刀片服务器、塔式服务器和机柜式服务器。服务器外形如图 1-4 所示。

图 1-4　塔式服务器、机架式服务器、刀片服务器和机柜式服务器外形图

塔式服务器：塔式服务器的外形以及结构都跟平时使用的立式 PC 差不多，服务器的主板扩展性较强、插槽也比较多，所以个头比普通主板大一些，因此塔式服务器的主机机箱也比标准的 PC 机箱要大，一般都会预留足够的内部空间以便日后进行硬盘和电源的冗余扩展。由于塔式服务器的机箱比较大，服务器的配置也可以很高，冗余扩展更可以很齐备，所以它的应用范围非常广，应该说使用率最高的一种服务器就是塔式服务器。

机架式服务器：机架式服务器的外形很像交换机，有 1U（1U=1.75in=4.445cm）、2U、4U 等规格。机架式服务器安装在标准的 19in 机柜里面。1U 的机架式服务器最节省空间，但性能和可扩展性较差，适合一些业务相对固定的使用领域。4U 以上的产品性能较高，可扩展性好，一般支持 4 个以上的高性能处理器和大量的标准热插拔部件。

刀片服务器：是指在标准高度的机架式机箱内可插装多个卡式的服务器单元，实现高可用和高密度。每一块"刀片"实际上就是一块系统主板，相当于一个个独立的服务器，在这种模式下，每一块"刀片"运行自己的系统，"刀片"相互之间没有关联，因此相较于机架式服务器和机柜式服务器，单片"刀片"的性能较低。不过，管理员可以使用系统软件将这些"刀片"集合成一个服务器集群。在集群模式下，所有的"刀片"可以连接起来提供高速的网络环境，并同时共享资源，为相同的用户群服务。在集群中插入新的"刀片"，就可以提高整体性能。由于每块"刀片"都是热插拔的，所以，系统可以轻松地进行替换，并且将维护时间减少到最短。

机柜式服务器：机柜式服务器通常由机架式、刀片式服务器再加上其他设备组合而成。对于证券、银行、邮电等重要企业，则应采用具有完备的故障自修复能力的系统，关键部件应采用冗余措施，对于关键业务使用的服务器也可以采用双机热备份高可用系统或者是高性能计算机，这样的系统可用性就可以得到很好的保证。

3. 服务器厂商简介

传统的服务器厂商有国外的 DELL、HP、IBM（x86 服务器产品线已经被联想收购），国内的浪潮、联想、曙光、宝德等。现在一些网络设备厂商也加入了服务器生产厂商阵营，如中国的华为、H3C 和锐捷，以及美国的 CISCO。2015 年中国市场服务器品牌排行榜中，DELL 服务器销售排名第一，中国的华为总排名第四（国内品牌排名第一）。

 网络信息环境面临的安全威胁分析

【任务描述】

本任务主要讲述网络安全的主要特性及网络面临的安全威胁，是网络工程师必备的技能。掌握了这些内容才能为用户提供安全、可靠和稳定的网络服务。

【任务分析】

本任务介绍网络安全特性，进一步讲述网络面临的安全威胁，桌面安全、网络设备安全和服务器安全，详细讲述各类安全功能。

【任务实施】

网络安全是指网络系统的硬件、软件及其系统中的数据受到保护，不因偶然的或者恶意的原因而遭到破坏、更改、泄露，系统连续可靠正常地运行，网络服务不中断。

一、网络安全特性

网络安全的主要特性是机密性、完整性、可用性、可控性和可审查性。

保密性：它是指信息不泄露给非授权用户、实体或过程，或供其利用的特性。

完整性：它是指数据未经授权不能进行改变的特性。即信息在存储或传输过程中保持不被修改、不被破坏和丢失的特性。

可用性：它是指可被授权实体访问并按需求使用的特性。即当需要时能否存取所需的信息。例如，网络环境下拒绝服务、破坏网络和有关系统的正常运行等都属于对可用性的攻击。

可控性：它是指对信息的传播及内容具有控制能力。

可审查性：它是指出现安全问题时提供依据与手段。

从网络运行和管理者角度来说，希望对本地网络信息的访问、读写等操作受到保护和控制，避免出现"陷门"、病毒、非法存取、拒绝服务和网络资源非法占用和非法控制等威胁，制止和防御网络黑客的攻击，服务器安全稳定运行，保证内网用户私密性及集中的日志系统等安全方面对网络进行规划及维护。

一些大企业中网络工程师的职责会划分比较明确，具体分为桌面维护工程师、网络安全工程师、网络设备维护工程师、服务器工程师、数据库工程师、虚拟化工程师、云计算工程师等岗位。由于本书是面向培养中小型企业网络安全工程师的，所以主要涉及桌面安全、网络设备安全、服务器安全这3个方面的安全知识和技能。

二、网络面临的安全威胁

1. 桌面安全

桌面安全主要考虑桌面版本操作系统安全设置、个人版杀毒软件、防火墙、安全辅助软件、建立无线网络安全环境和培养安全习惯，解决蠕虫病毒、ARP病毒、不合理的设置、无线网络非法入侵及安全习惯造成损失等问题。

1）蠕虫病毒：蠕虫病毒是一种常见的计算机病毒。它利用网络进行复制和传播，传染途径是网络和电子邮件，蠕虫病毒是自包含的程序，它能传播自身功能的复制文件或自身的某些部分到其他的计算机系统中。有两种类型的蠕虫：主机蠕虫与网络蠕虫。比如，近几年危害很大的"尼姆亚"病毒就是蠕虫病毒的一种，2007年1月流行的"熊猫烧香"以及其变种也是蠕虫病毒。

2）ARP病毒：ARP病毒并不是某一种病毒的名称，而是对利用ARP漏洞进行传播的一类病毒的总称。ARP是TCP/IP组的一个协议，能够把网络地址翻译成MAC地址（主机物理地址）。通常此类攻击的手段有两种：路由欺骗和网关欺骗。它是一种入侵计算机的木马病毒，对计算机用户私密信息的威胁很大。

3）无线网络安全：无线网络的安全性也是最令人担忧的，无线接入没有密码或密码简单等问题，经常成为入侵者的攻击目标。

4）安全习惯不好：很多用户私自重装计算机操作系统后，没有安装杀毒软件和升级系统漏洞就接入了公司网络。

2. 网络设备安全

保证网络稳定、高速地实现网络连通性的前提下，园区网模块安全主要考虑了内网安全性、远程接入和边界安全、身份安全和访问管理、路由安全这4个方面的内容。

（1）内网安全性

虽然很多攻击是从外网展开的，但是部分攻击也会源于内网，比如，常见的ARP攻击等，系统的安全性不是取决于最坚固的那一部分，而是取决于最薄弱的环节。因此，内网安全十分重要。

基于ACL的访问控制：如今的网络充斥着大量的数据，如果没有适当的安全机制，则每个网络都可以访问其他网络，而无须区分已授权或者未授权。控制网络中的数据流动有很多种方式，其中之一是使用ACL（Access Control List，访问控制列表）。

VLAN：VLAN（Virtual Local Area Network，虚拟局域网）是一组逻辑上的设备和用户，这些设备和用户并不受物理位置的限制，可以根据功能、部门及应用等因素将它们组织起来，相互之间的通信就好像它们在同一个网段中一样，由此得名虚拟局域网。VLAN是一种比较新的技术，工作在OSI参考模型的第2层和第3层，一个VLAN就是一个广播域，VLAN之间的通信是通过第3层的路由器来完成的。与传统的局域网技术相比较，VLAN技术更加灵活，VLAN具有以下优点：网络设备的移动、添加和修改的管理开销减少；可以控制广播活动；可提高网络的安全性。

网关冗余备份机制：VRRP（Virtual Router Redundancy Protocol，虚拟路由冗余协议）是一种网关冗余备份协议。如果一个网络内的所有主机都设置一条默认路由，则这样主机发出的目的地址不在本网段的报文将被通过默认路由发往网关，从而实现主机与外部网络的通信。当网关断掉时，本网段内所有主机将断掉与外部的通信。VRRP就是为解决上述问题而提出的。使用 VRRP，可以通过手动或 DHCP 设定一个虚拟 IP 地址作为默认路由器。虚拟 IP 地址在路由器间共享，其中一个指定为主路由器而其他的则为备份路由器。如果主路由器不可用，则这个虚拟 IP 地址就会映射到一个备份路由器的 IP 地址（这个备份路由器就成为主路由器）。

（2）远程接入和边界安全

远程接入是直接接入到网络系统内部，而接入控制器也往往处于网络系统的边界部分。因此边界安全成为应对外部威胁和攻击的第一道防线。

网络地址转换：NAT（Network Address Translation，网络地址转换）属于接入广域网技术，是一种将私有地址转化为合法 IP 地址的转换技术，它被广泛应用于各种类型 Internet 接入方式和各种类型的网络中。NAT 不仅完美地解决了 IP 地址不足的问题，而且还能够有效地避免来自网络外部的攻击，隐藏并保护网络内部的计算机。

硬件防火墙：防火墙指的是一个由软件和硬件设备组合而成、在内部网和外部网之间、专用网与公共网之间的界面上构造的保护屏障。是一种获取安全性方法的形象说法，使 Internet 与 Intranet 之间建立起一个安全网关（Security Gateway），从而保护内部网免受非法用户的侵入，防火墙主要由服务访问规则、验证工具、包过滤和应用网关 4 个部分组成。

入侵检测系统：虽然防火墙可以根据 IP 地址和服务端口过滤数据包，但它对于利用合法地址和端口从事的破坏活动则无能为力，防火墙主要在第二层到第四层起作用，很少深入到第四层到第七层检查数据包。入侵预防系统（IPS）也像入侵侦查系统一样，专门深入网络数据内部查找它所认识的攻击代码特征，过滤有害数据流，丢弃有害数据包，并进行记载，以便事后分析。除此之外更重要的是，大多数入侵预防系统同时结合考虑应用程序或网络传输中的异常情况，来辅助识别入侵和攻击。

远程接入 VPN 应用：VPN（Virtual Private Network，虚拟专用网）被定义为通过一个公用网络建立一个临时的、安全的连接，是一条穿过混乱的公用网络的安全、稳定的隧道。虚拟专用网是对企业内部网的扩展。虚拟专用网可以帮助远程用户、公司分支机构、商业伙伴及供应商同公司的内部网建立可信的安全连接，并保证数据的安全传输。虚拟专用网可用于不断增长的移动用户的全球互联网接入，以实现安全连接；可用于实现企业网站之间安全通信的虚拟专用线路，用于经济有效地连接到商业伙伴和用户的安全外联网虚拟专用网。VPN 主要采用隧道技术、加解密技术、密钥管理技术和使用者与设备身份认证技术保证网络安全。

（3）身份安全和访问管理

一种访问管理的解决方案是建立一个基于策略的执行模型，确保用户有一种安全的管理模型。针对网络中所有设备与服务，这种管理模型的安全性可为用户提供基于策略的访问控制、审计、报表功能，使系统管理员可以实施基于用户的私密性和安全策略。身份安全和访问管理处于首要层面。

AAA 认证：AAA 认证（Authentication）：验证用户的身份与可使用的网络服务；授权（Authorization）：依据认证结果开放网络服务给用户；计账（Accounting）：记录用户对各种网络服务的用量，并提供给计费系统；整个系统在网络管理与安全问题中十分有效。此项功能可以结合 TACACS+ 服务器实现。

设备安全策略：路由器、交换机、防火墙和 VPN 集中器等都是网络的组成部分，确保这些设备的安全是整体网络安全策略的一个重要组成部分。物理安全要考虑网络拓扑设计冗余、设备的安全位置、介质、电力供应等安全因素。对设备进行访问时，必须采用密码或者RSA认证，对远程访问采用更加安全的SSH协议，针对不同的用户级别设定不同的优先级等级。

（4）路由安全

路由协议决定信息在网络中是怎样流动的，所以确保以一种与网络安全需要相一致的方法选择和实现路由协议很关键。

操纵路由选择更新：操纵路由选择更新的常用方法是路由分发列表，如果想进行更细致的调节可以设置相应的路由更新策略。当网络中有两种不同的路由协议时，可以采用上述策略。其他控制或防止生成动态路由选择更新的方法主要有：被动接口、默认和静态路由、操纵管理距离。

OSPF路由协议安全：OSPF是一个被广泛使用的内部网关路由协议。通过对路由器进行身份验证，可避免路由器收到伪造的路由更新。使用回环接口作为路由器ID是OSPF网络用以保障稳定性从而确保安全的一个重要技术。针对区域的不同功能设定不同的区域类型。

3. 服务器安全

服务器安全主要考虑了配置服务器底层存储的安全设置、服务器操作系统安全及防火墙策略、备份系统及日志系统。

（1）服务器底层存储的安全设置

数据是企业生存的关键，保护好数据是设计服务器安全的第一要务，比如，服务器某些磁盘损坏后数据不丢失。

（2）服务器远程安装及维护

网络工程师除非紧急情况，只有在服务器死机或者更换硬件的情况下才会直接下架维护，一般都会在远程统一部署系统和维护系统。

（3）服务器操作系统安全及防火墙策略

操作系统作为支撑各种服务器系统运行的平台，极易爆发安全风险，一定要对服务器安全策略进行配置，并通过防火墙策略进一步控制服务器上可以通信的软件。

（4）服务器备份系统

服务器各种系统搭建完毕后，除了要考虑保障服务器正常运行外，还要考虑操作系统、各业务系统和数据库失败后如何快速恢复，这时就必须考虑备份系统。

（5）日志系统

为了更快速地对企业安全和维护任务作出反馈，集中管理各种服务器和应用的日志系统提供了数据在统一界面的支持。

任务3 搭建实验环境

【任务描述】

网络工程师在实施项目前，需要建立接近真实环境的测试环境，来测试所有网络功能，进而加快项目的推进速度。

【任务分析】

本任务介绍华为路由器／交换机模拟器软件eNSP，从安装eNSP开始全方位介绍其功能，包括 eNSP 软件的主界面、各工具栏的使用方法、eNSP 支持的网络设备及使用这些设备搭建测试网络拓扑图，来模拟真实网络。

【任务实施】

eNSP（Enterprise Network Simulation Platform）是一款由华为提供的免费的、可扩展的、图形化的网络设备仿真平台，主要对企业网路由器、交换机、WLAN 等设备进行软件仿真，完美呈现真实设备部署实景，支持大型网络模拟，让用户有机会在没有真实设备的情况下也能够开展实验测试，学习网络技术。

eNSP 的正常运行需要其他 3 个软件包的支持，这 3 个软件包分别为 VirtualBox、Wireshark 和 WinPcap，它们都被集成到 eNSP 的安装包中。VirtualBox 为 eNSP 提供虚拟路由器、虚拟交换机和虚拟防火墙等设备的运行环境；Wireshark 作为 eNSP 工作调用的抓包工具，为分析网络协议提供帮助；WinPcap 为 eNSP 提供访问网络底层的能力。

eNSP 功能特色：

图形化操作：eNSP 提供便捷的图形化操作界面，让复杂的组网操作变得更简单，可以直观感受设备形态，并且支持一键获取帮助和在华为网站查询设备资料。

高仿真度：按照真实设备支持特性情况进行模拟，模拟的设备形态多，支持功能全面，模拟程度高。

可与真实设备对接：支持与真实网卡的绑定，实现模拟设备与真实设备的对接，组网更灵活。

1. 下载 eNSP

在华为官方网站 http://support.huawei.com/enterprise 可以下载 eNSP B390 版本安装包，可以同时下载防火墙 USG6000V 的软件包，如图 1-5 所示。由于 eNSP 上每台虚拟设备都要占用一定的内存资源，所以 eNSP 对设备硬件和操作系统的最低配置要求为：CPU 双核 2.0GHz 以上，内存 2GB 以上，空闲磁盘空间 2GB，操作系统为 Windows Server 2003 或 Windows7。

图 1-5　下载 eNSP B390 版本

实验环境中需要满足 Windows 7、eNSP B390 版本或 VirtualBox 4.2.8 这几个软件版本，这样 eNSP 模拟的交换机才能启动。尽量不要使用 Windows10 或 Windows Server 2012、eNSP B510 版本和 VirtualBox 5.x 等最新的软件版本，由于一些软件底层问题，此环境中路由器和交换机不能正常启动。

2. 安装 eNSP

安装 eNSP 前请先检查计算机硬件及软件环境，确认满足最低配置后再进行安装，重要步骤如下。

步骤 1：先安装 VirtualBox 4.2.8 或 VirtualBox 4.2.12，否则 eNSP 会安装 VirtualBox 5.x，安装步骤不再演示。

步骤 2：双击 eNSP 安装程序文件，打开安装向导，如图 1-6 所示，选择"中文（简体）"，单击"确定"按钮。

步骤 3：eNSP 安装程序会检测到安装的 VirtualBox 版本过低，询问是否卸载 virtualBox，单击"否"按钮，如图 1-7 所示。

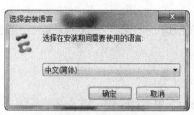

图 1-6　选择安装语言　　　　　图 1-7　是否卸载 VirtualBox

步骤 4：出现 eNSP 安装向导界面，单击"下一步"按钮，如图 1-8 所示。

步骤 5：在图 1-9 所示的许可协议中选择"我愿意接受此协议"，单击"下一步"按钮。

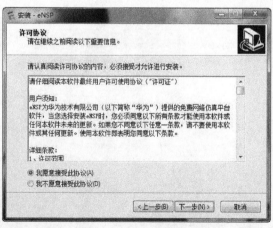

图 1-8　eNSP 安装向导　　　　　图 1-9　许可协议

步骤 6：在选择目标位置页面，选择安装 eNSP 的主目录，然后单击"下一步"按钮，如图 1-10 所示。

步骤 7：在选择安装其他程序页面中，选择"安装 WinPcap 4.1.3"和"安装 Wireshark"，单击"下一步"按钮，如图 1-11 所示。

图 1-10　安装目录　　　　　　　　　图 1-11　安装必要程序

步骤 8：在 Wireshark 的同意协议界面中，单击"I Agree"按钮，如图 1-12 所示。开始安装 Wireshark。

步骤 9：在 WinPcap 安装页面，单击"Next"按钮，开始安装 WinPcap，如图 1-13 所示。

图 1-12　安装 Wireshark　　　　　　图 1-13　安装 WinPcap

步骤 10：至此也就完成 eNSP 及其依赖软件包的安装，单击"完成"按钮，如图 1-14 所示。

图 1-14　安装完成 eNSP

步骤 11：eNSP 的主页面如图 1-15 所示。可以选择打开"样例"中某个项目对 eNSP 提供的实验场景进行学习。

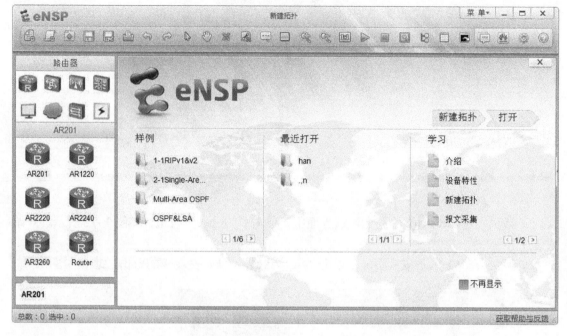

图 1-15　eNSP 主页面

3. eNSP 简介

eNSP 正在运行某项目的主页面主要分为 5 个部分，如图 1-16 所示。

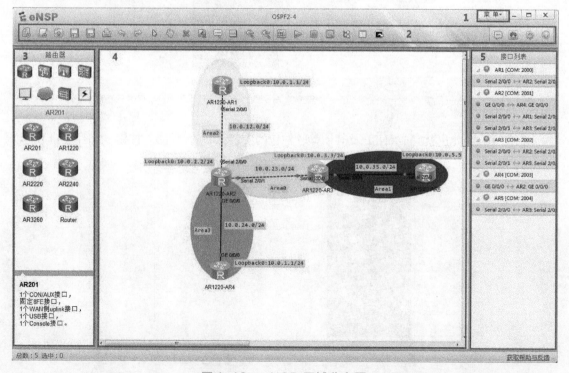

图 1-16　eNSP 区域分布图

界面中各区域简要介绍见表1–1。

表1-1　界面中各区域简要介绍

序　号	区 域 名	简 要 描 述
1	主菜单	提供"文件""编辑""视图""工具""考试""帮助"菜单
2	工具栏	提供常用的工具，如新建拓扑、打印等
3	网络设备区	提供设备和网线，供选择到工作区
4	工作区	在此区域创建网络拓扑
5	设备接口区	显示拓扑中的设备和设备已连接的接口

工具栏中包含的工具见表1–2。

表1-2　工具栏中包含的工具

工　具	简 要 说 明	工　具	简 要 说 明
	新建拓扑		新建工程
	打开拓扑		保存拓扑
	另存为指定文件名和文件类型		打印拓扑
	撤销上次操作		恢复上次操作
	恢复鼠标		选定工作区，便于移动
	删除对象		删除所有连线
	添加描述框		添加图形
	放大		缩小
	恢复原大小		启动设备
	停止设备		采集数据报文
	显示所有接口		显示网格
	打开拓扑中设备的命令行界面		eNSP 论坛
	华为官网		选项设置
	帮助文档		

设备类别区：

提供eNSP支持的设备类别和连线。设备区包含的设备类型见表1–3。根据在此处的选择，"设备型号区"的内容将会变化。可以将此区域的设备直接拖至工作区，系统默认将"设备型号区"中该类别的第一种型号的设备添加至工作区中。

表1-3　设备区包含的设备类型

图　标	说 明
	企业路由器
	企业交换机
	WLAN 设备
	防火墙
	终端设备
	其他设备
	自定义设备
	连接线

设备接口区：

此区域显示拓扑中的设备和设备已连接的接口，如图1-17所示。双击或者拖动标题栏时可以将其脱离主界面，增大工作区可视面积。再次双击或者拖动标题栏时，可以将其放回至原位置。指示灯颜色含义如下：

红色：设备未启动或接口处于物理DOWN状态。

绿色：设备已启动或接口处于物理UP状态。

蓝色：接口正在采集报文。

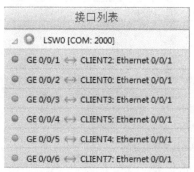

图1-17　实验环境接口列表

右键功能说明：右键单击设备名，可启动/停止设备，如图1-18所示。

右键单击处于物理UP状态的接口名，可启动/停止接口报文采集，如图1-19所示。

图1-18　设备右键功能

图1-19　接口右键功能

4. 建立网络设备安全实验环境

步骤1：单击eNSP主页面中的"新建拓扑"按钮。

步骤2：选择实验中需要的路由器、交换机、防火墙等设备，连接对应线缆，用"调色板"和"文本"工具进行实验环境中区域的标识，拓扑图如图1-20所示。

此项目内容选取本地某网络公司真实的项目，但为了满足大多数学校学生的实验环境要求，使用物理机、虚拟机加模拟器的方式来构建实验环境。同时专业网络公司对岗位职责划分比较明确，把网络工程师细分为桌面工程师、网络设备工程师、服务器维护工程师、数据库工程师等，不同的工程师负责相应的任务，本书由于篇幅有限，仅选取了桌面安全、网络设备安全和服务器安全这3个方面内容，结合实验环境设置为这3个方向具体的实训项目并细分为任务。桌面安全部分的实验直接使用Windows 7本机作为桌面操作系统进行安全配置；网络安全部分的实验使用华为公司模拟器eNSP来模拟网络中的路由器、交换机、防火墙等设备（各厂商设备原理相同，但配置命令有差异，学习完本书中的项目可配置华为公司网络设备，如需配置其他公司的设备可参考本书中的项目）；服务器安全部分实验使用

VirtualBox 创建虚拟机并安装 Windows Server 2012 操作系统，进行服务器安全环境部署，并使用了华为公司服务器演示了如何在真实物理环境中配置磁盘冗余阵列、远程安装系统等，使用卓豪 EventLogAnalyzer_64bit 测试版演示如何在企业环境中构建集中的日志服务器。

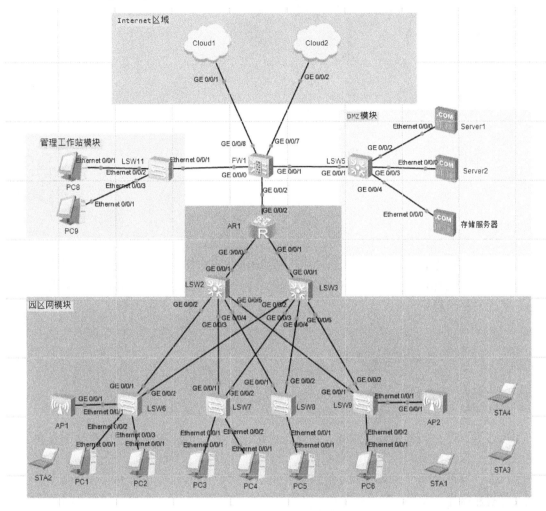

图 1-20　某单位网络拓扑图

【任务拓展】

下载 GNS3 和 H3C HCL2.0 等路由 / 交换机模拟器软件，以便熟悉不同公司路由 / 交换机的命令特点。

项目总结

本项目包含了 3 个任务，这 3 个任务涵盖了网络架构的基础知识、企业面临的安全威胁和如何建立实验环境。其中网络架构主要讲述了企业网包含的各个模块，以及园区网模块中分层的思想。对企业面临的安全威胁根据企业中的岗位职责，分为了桌面安全、服务器安全和网络设备安全这 3 个大的方向。并使用免费软件华为 eNSP 建立网络设备实验环境。

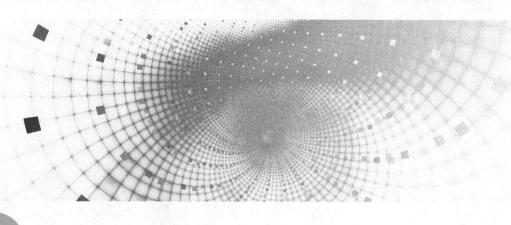

项目 2　桌面环境安全实现

扫描二维码
观看视频

项目概述

　　本项目分为 3 个任务，任务 1 主要讲解个人操作系统的安全设置，任务 2 主要讲解个人版杀毒软件的安装和使用、防火墙的设置、辅助软件的安装以及无线路由器的安全设置，要求熟练掌握并形成自己的安全意识。

 个人操作系统的安全设置

【任务描述】

　　小王是某网络公司的桌面工程师，最近公司由于业务扩大，搬迁新址，需要重新在公司的网络安全方面进行布置。为了顺利完成工作不出现遗漏，小王打算先从个人操作系统的安全设置入手，目前公司的计算机都在使用 Windows 7 操作系统，所以 Windows 7 操作系统的安全设置就显得尤为重要。

【任务分析】

　　本任务通过使用 Windows Update 自动安装操作系统漏洞补丁、禁用 Guest 账号、设置管理员强密码、提高账号安全级别、备份及恢复数据，来保障操作系统自身的安全性。

【任务实施】

　　Windows 桌面安全配置步骤如下：

1. 更新操作系统补丁

　　给操作系统安装补丁程序的重要性是不言而喻的，Windows 操作系统具有检测更新和安装更新的功能（Windows Update），只要将这个功能设置为自动检查更新，Windows Update

就可以自动下载系统已知漏洞的修补程序并安装。系统会在后台下载，完成后通知用户下载完成并询问是否开始安装，用起来十分方便。设置方法是打开"控制面板"，单击"Windows Update"按钮，如图 2-1 所示，单击左侧"更新设置"，在右侧的"重要更新"下面选择更新方式，最后单击下方的"确定"按钮即可，如图 2-2 所示。

图 2-1　自动更新

图 2-2　选择更新方式

2. 禁用来宾账户

Windows 7 的来宾账户不是针对此 Windows 账户管理员而设置的，而是为了让一个用户暂时拥有使用计算机的权利。创建来宾账户会对计算机的安全方面带来影响。所以需要禁用该账户。方法是，打开"控制面板"→单击"用户账户"，如图 2-3 所示。

单击"管理其他账户"，如图 2-4 所示。

图 2-3　用户账户

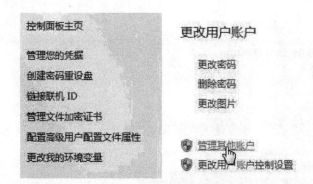

图 2-4　管理其他账户

在出现的页面中单击"关闭来宾账户"按钮，即可关闭来宾账户，如图 2-5 所示。

您想更改来宾账户的什么？

更改图片
关闭来宾账户

图 2-5　关闭来宾账户

小提示

禁用来宾账户 Ghest 是为了防止网络上的恶意人员利用该账户进行攻击。

3. 设置管理员强密码

最近计算机病毒横行，人们对计算机网络安全的重视程度空前提高。在计算机网络上，一个强密码不可或缺，它能在病毒、木马和恶意代码前面构筑一道难以逾越的屏障。

1）强密码不能少于 8 位。

随着计算机性能的提高，低于 8 位的密码已经是不安全的了。在安全和记忆中间权衡，8 ～ 12 位是一个合适的长度。

2）不要包含本人的用户名、真实姓名或工作单位名称。

主要是为了防止个人隐私的信息被身边的人、同事、朋友看到。另外，如果身份信息和手机、计算机一块丢失，恶意者会根据身份信息推测密码。

3）不要包含完整的拼音或外语单词。

黑客都有密码词典，如果将单词作为密码的一部分，无疑降低了破解的难度。

4）不同于以前的密码。

主要是让密码不要让别人有规律可循。如带编号的密码，容易记忆但是熟悉的人会比较容易猜。

5）包含大写字母、小写字母、数字以及符号。

包含大写字母、小写字母、数字以及符号，且符合长度和复杂度要求的密码才是好的密码。

小提示

强大的密码能够帮助保证个人信息和财产的安全，当密码极易被猜测到的时候，就把自己暴露在了身份盗窃、信用诈骗等危险之中了。

4. 提高账户安全级别

虽然网络给人们带来了很多好处，但同时也带来了安全隐患。那些网络病毒和木马以及其他恶意程序的传播也越来越猖狂，令人们防不胜防，一旦中招就会损失惨重。这时可以提高账户的安全级别来保护计算机的安全。

1）打开"控制面板"下的"用户账户"，单击"更改用户账户控制设置"按钮，如图 2-6 所示。

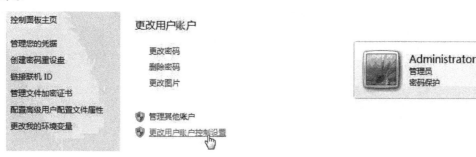

图 2-6　更改控制设置

2）在弹出的页面中可以通过拖动作业滑块来进行更改，右侧有安全级别的说明，如图 2-7 所示。

小提示

提升 Windows 7 账户的安全级别可以有效地阻挡木马以及其他恶意程序的传播。

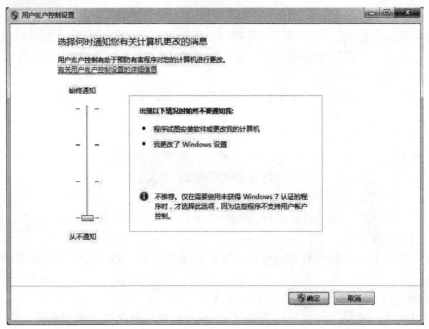

图 2-7　更改控制设置

5. 做好数据备份

俗话说"道高一尺，魔高一丈"，很多时候安全问题几乎是防不胜防，即使进行了非常完美的安全设置，可是遇到一些突发性病毒来临时，许多安全防御措施仍可能会不堪一击。为了避免突发性病毒带来灾难性损伤，要及时对重要数据进行备份，当遇到系统崩溃时，只要进行简单的数据恢复操作就能化解安全威胁了。

Windows 7 操作系统为用户提供了强大的数据备份还原功能，操作方法如下：打开"控制面板"下的"备份和还原"，如图 2-8 所示。

图 2-8　备份

打开"备份和还原"管理窗口，单击"设置备份"按钮，如图 2-9 所示。

打开设置对话框，选择备份保存的磁盘，如图 2-10 所示。

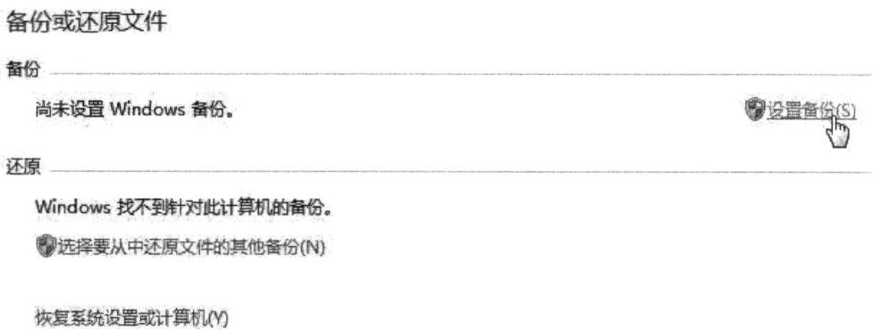

图 2-9　设置备份

图 2-10　保存位置

选择好磁盘后，单击"下一步"按钮，之后向导屏幕会弹出提示询问要备份哪些数据内容，可以根据实际需要选择目标备份内容，最后单击"保存设置并运行备份"按钮，如图 2-11 所示。如此一来目标数据内容就能被备份成功了。日后一旦系统发生瘫痪不能正常运行，根本不用担心重要数据的安全，只需要简单地重新安装操作系统，之后执行系统还原功能，将备份好的重要数据恢复成功就可以了。

图 2-11 保存设置

任务 2 使用个人版杀毒软件、防火墙及安全辅助软件

【任务描述】

小王作为某网络公司的桌面工程师，配置好 Windows 操作系统后，需要进一步安装杀毒软件、防火墙以及安全辅助类软件，增强桌面系统的安全性，防止非法用户入侵操作系统。

【任务分析】

本任务首先安装个人版金山毒霸软件，升级病毒库和操作系统漏洞补丁，接着配置操作系统自带的防火墙，允许本机许可的软件访问互联网，最后安装安全辅助软件 QQ 安全管家，清扫系统垃圾，对系统进行提速。

【任务实施】

一、个人版杀毒软件——金山毒霸

杀毒软件也称反病毒软件或防毒软件，是用于消除计算机病毒、特洛伊木马和恶意软件等计算机威胁的一类软件。

■ 小提示

计算机病毒其实是一种有自我复制能力的程序或脚本语言，这些计算机程序或脚本语言利用计算机软件或硬件的缺陷控制或破坏计算机，可使系统运行缓慢、不断重启或使用户无法正常操作计算机，甚至可能造成硬件的损坏。

杀毒软件按收费与否可分为收费版和免费版，Kaspersky（卡巴斯基）、ESET NOD32、Avira（小红伞）等国外杀毒软件都需要付费使用，而国内的金山、瑞星、360 等都是免费的。应公司规划，安装金山毒霸。

1. 下载并安装金山毒霸

进入金山网络的官方网址，在主页下载新毒霸"悟空"SP9.5，如图 2-12 所示。

图 2-12　下载新毒霸

下载完成后，开始安装，如图 2-13 所示。注意"安全上网，使用猎豹安全浏览器"默认是选中的，如果不需要可以把√去掉。

图 2-13　安装界面

安装完成后，会自动弹出金山毒霸主界面，如图 2-14 所示。

图 2-14　金山毒霸主界面

2. 利用金山毒霸查杀病毒

（1）升级病毒库

病毒库其实就是一个数据库，它里面记录着计算机病毒的种种"相貌特征"以便及时发现，绞杀它们，只有这样杀毒程序才会区分病毒程序和一般程序，所以有时也称病毒库里的数据为"病毒特征码"，病毒库是需要时常更新的，这样才能尽量保护计算机不被最新流行的病毒所侵害。

单击金山毒霸软件主界面右下角的"立即升级"按钮，弹出升级窗口，如图 2-15 所示。

单击"立即升级"按钮，新毒霸会自动下载最新病毒库。升级完成后，弹出如图 2-16 所示的窗口，单击"重启毒霸"按钮，应用最新病毒库文件。

图 2-15　升级窗口

图 2-16　升级完成

（2）查杀病毒

单击打开"电脑杀毒"页面，这里有两种查杀方式，"一键云查杀"和"全盘查杀"。如图 2-17 所示。

"一键云查杀"会扫描系统的关键项目以及常见的可能被病毒利用的位置，确保他们的安全性，查杀速度较快。

"全盘查杀"会扫描计算机系统关键区域以及所有磁盘，全面清除特种未知木马、后门、蠕虫等病毒，查杀速度较慢。

步骤 1：全面查杀。

首次运行杀毒软件，先进行一次"全盘查杀"，对计算机进行全面检查。

为了达到更好的查毒效果，在界面右侧的"本地引擎"里选择"小红伞本地引擎"并安装，如图 2-18 所示。

图 2-17 两种查杀方式

图 2-18 安装小红伞引擎

单击"全面查杀"按钮，开始扫描所有硬盘进行检查，如图 2-19 所示。

扫描时间视硬盘内容的多少而定，查杀结束后会出现查杀结果，如图 2-20 所示。

图 2-19 全面查杀

图 2-20　查杀结果

如果发现病毒，则会显示病毒的名称、类型、处理方式以及询问是否"立即处理"，如图 2-21 所示。单击"立即处理"按钮，就会删除病毒。

图 2-21　发现病毒

公司的计算机因为是刚安装操作系统，所以未发现病毒。但病毒在不断发生变化，并且具有很强的传播性，建议公司用户在今后的使用中定期升级病毒库，每隔两周进行一次全面查杀。

步骤2：一键云查杀。

计算机病毒主要针对系统引导区、启动项、内存等关键区域进行感染和破坏。所以，平时使用中，只须运行"一键云查杀"即可，既能有效查杀病毒，也能节省时间。

单击"一键云查杀"按钮开始扫描关键区域，如图2-22所示。

图2-22　运行"一键云查杀"

■ 温馨提示

　　如果出现顽固性病毒最好在安全模式下进行查杀。因为在正常模式下，病毒如果进入系统进程是杀不掉的。

3. 修复系统漏洞

系统漏洞是指应用软件或操作系统软件在逻辑设计上的缺陷或错误。如被不法者利用，通过网络植入木马、病毒等方式来攻击或控制整个计算机，窃取计算机中的重要资料和信息，甚至操作系统。

可以利用系统的自动更新功能来下载补丁，也可使用专用软件来进行修复。比如，金山毒霸、电脑管家、360安全卫士等。

执行"百宝箱"→"新毒霸"→"漏洞修复"命令，如图2-23所示。

新毒霸会自动检测到漏洞，如图 2-24 所示。单击"立即修复"按钮即可完成漏洞修复。

图 2-23　漏洞修复

图 2-24　检测漏洞

修复完成后，单击"立即重启"按钮使补丁生效，如图 2-25 所示。

小提示

　　除了利用杀毒软件外，最重要的是养成良好的上网习惯。
　　1）访问安全的网站，尽量访问正规的大型网站，不访问包含不良信息的网站。
　　2）交流中注意保护隐私，不在网络中透露银行账号、个人账户密码等敏感内容，不在交谈、个人资料以及论坛留言中轻易泄露真实姓名、个人照片、身份证号码或家庭电话等任何能够识别身份的信息。

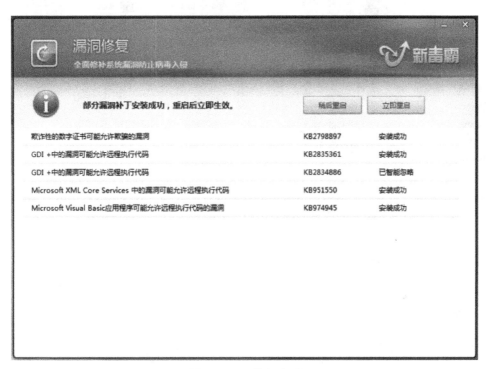

图 2-25　修复完成

二、个人版防火墙——Windows 防火墙

　　防火墙是一项协助确保信息安全的设备，会依照特定的规则允许或是限制传输的数据通过。防火墙可以是一台专属的硬件也可以是架设在一般硬件上的软件。Windows 防火墙顾名思义就是在 Windows 操作系统中系统自带的软件防火墙。

1. Windows 7 防火墙设置

　　1）单击"开始"按钮，打开控制面板，如图 2-26 所示。
　　2）打开"Windows 防火墙"，如图 2-27 所示。
　　3）单击"打开或关闭 Windows 防火墙"按钮，如图 2-28 所示。
　　4）单击"启用 Windows 防火墙"按钮，如图 2-29 所示。
　　5）如果想启用防火墙，但是又需要一些程序不被防火墙阻止运行，则单击左侧的"允许程序或功能通过 Windows 防火墙"按钮，如图 2-30 所示。

图 2-26 打开控制面板

图 2-27 打开防火墙

图 2-28 打开防火墙设置

图 2-29 启用防火墙

图 2-30　设置防火墙

6）单击后，出现如图 2-31 所示的界面，单击"允许运行另一程序"按钮。

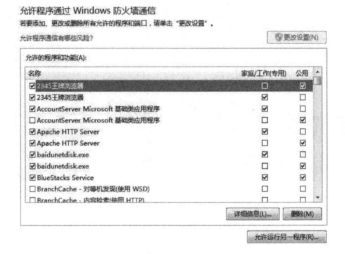

图 2-31　设置防火墙

7）在出现的对话框中，将需要运行的程序选中，单击"添加"按钮，确定后退出窗口即可，如图 2-32 所示。

图 2-32　设置防火墙

三、安全电脑管家辅助软件

安全辅助软件是可以帮助杀毒软件的计算机安全产品，主要用于实时监控防范和查杀流行木马、清理系统中的恶评插件，管理应用软件，系统实时保护，修复系统漏洞并具有IE修复、IE保护、恶意程序检测及清除功能等，同时还提供系统全面诊断，弹出插件免疫，阻挡色情网站以及其他不良网站，过滤端口，清理系统垃圾、痕迹和无效的注册表，系统还原，系统优化等特定辅助功能，并且提供对系统的全面诊断报告，方便用户及时定位问题，提供全方位的系统安全保护。

1. 下载并安装腾讯电脑管家

百度搜索"腾讯电脑管家"，打开官方网站 https://guanjia.qq.com/?ADTAG=news.QQCOM，单击"立即下载"按钮，如图2-33所示。

图2-33 下载"电脑管家"软件

下载完成后双击"打开"按钮，如图2-34所示。

单击"带我飞"按钮进行安装，安装完成后出现"电脑管家"主界面，如图2-35所示。

图2-34 安装"电脑管家"软件

图 2-35   "电脑管家"主界面

2．"电脑管家"的功能

（1）全面体检

"电脑管家"全面体检能够快速全面地检查计算机存在的风险，检查项目主要包括盗号木马、高危系统漏洞、垃圾文件、系统配置被破坏及篡改等。发现风险后，通过"电脑管家"提供的修复和优化操作，能够消除风险和优化计算机的性能。操作方法是，单击主界面上的"全面体检"按钮，如图 2-36 所示。

图 2-36   全面体检

体检完成后，如果出现问题，则可以单击"一键修复"按钮，如图2-37所示。

图 2-37　一键修复

（2）清理垃圾

打开桌面上"电脑管家"的快捷方式，弹出"电脑管家"主界面，如图2-38所示。
单击下方的"清扫垃圾"按钮扫描垃圾，如图2-39所示。
扫描结束后会出现扫描结果，如图2-40所示。

图 2-38　主界面

图 2-39　扫描垃圾

图 2-40　扫描结果

单击"查看详情"按钮，弹出扫描到的垃圾文件列表可以查看垃圾文件出自哪里，如图2-41所示。单击"立即清理"按钮。

操作完成后会显示清理的结果，如对清理结果不满意，则可以有选择性地选择下方未清理的项目进行深度清理，如图2-42所示。单击"好的"按钮，垃圾文件清理完成。

图 2-41　垃圾文件详细列表

图 2-42　清理结果

（3）系统提速

单击上方的"电脑加速"按钮进入系统加速界面，如图 2-43 所示。单击"一键扫描"按钮进行操作。

图 2-43　电脑加速

扫描结束后，管家会将需要关闭的项目列出来，如图2-44所示。在需要操作的项目前面打勾，单击"一键加速"按钮。

图2-44　扫描结果

操作完成后显示结果，如图2-45所示。单击"好的"按钮。系统加速操作完成。

图2-45　优化完成

知识补充：目前很多杀毒软件会自带防火墙，比如金山毒霸。所以一般不需要单独安装防火墙软件。

 无线环境应用安全实现

【任务描述】

计算机的安全设置完成后，还需要对公司无线网络的安全进行设置，保证企业无线网络安全接入。

【任务分析】

本任务通过配置公司的无线 AP，修改默认的用户名和密码、设置无线加密方式、关闭 SSID 广播、开启 MAC 地址过滤以及关闭 DHCP 服务器等来增强无线网络的安全性。

【任务实施】

通过对路由器的几项简单设置将用户的无线路由器变得更为安全，将危险减小到最低并且杜绝一切蹭网者。

同一型号甚至同一厂商的无线路由器在出厂时所设置的默认用户名和密码几乎都是一样的。因此，只要有经验的用户只需尝试几次就可以轻松进入无线路由的 Web 配置界面，从而控制无线网络。因此，修改默认用户名和密码是保护无线网络安全所必须的。步骤如下：

1）登录进路由器管理界面，选择"系统工具"→"管理选项"命令进行更改，如图 2-46 所示。

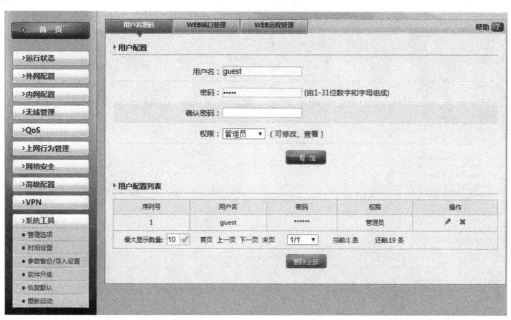

图 2-46 修改默认用户名和密码

2）设置无线网络密码。

一般常见的无线加密方式有 3 种：WEP 加密、WPA 加密和 WPA2 加密。需要特别说明的是，3 种无线加密方式对无线网络传输速率的影响也不尽相同。由于 IEEE 802.11n 标准不支持 WEP 加密（采用 TKIP 加密算法）单播密码的高吞吐率，所以如果用户选择了 WEP 加密方式或 WPA–PSK/WPA2–PSK 加密方式（采用 TKIP 算法），无线传输速率将会自动降至 IEEE 802.11g 标准的水平（理论值 54Mbit/s，实际测试成绩为 20Mbit/s 左右）。

现在基本上都是 IEEE 802.11n 标准的无线产品（传输速率为 150Mbit/s 或 300Mbit/s），那么无线加密方式只能选择 WPA-PSK/WPA2-PSK（采用 AES 算法加密），否则无线传输速率将会自动降低。而如果用户使用的是采用 IEEE 802.11g 标准的产品，那么 3 种加密方式都可以很好地兼容，但不建议大家选择 WEP 这种较老且更容易被破解的加密方式。

另外，在密码设置上最好含有大小写字母、数字和符号，不建议使用电话号码或者出生日期等作为无线网络的密码。

3）关闭 SSID 广播。

SSID 号就是用户在手机上看到的 Wi-Fi 名称，把它隐藏起来，别人就不容易看到了。这样设置当手机第一次连接 Wi-Fi 的时候会麻烦一些，需要在手机上手动添加 SSID 号，不过以后就不需要手动操作了。操作如图 2-47 所示，打开"无线管理"→"无线基本设置"，在右边的页面中找到"SSID 广播"，选择"关闭"。

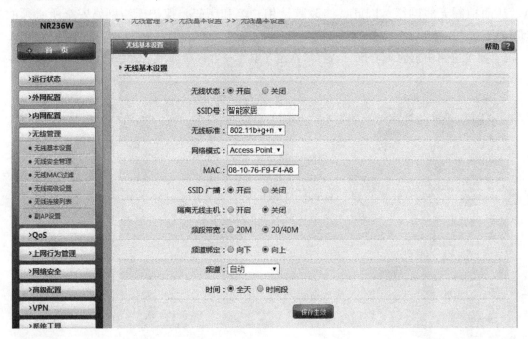

图 2-47　关闭 SSID 广播

4）开启 MAC 地址过滤。

MAC（Media Access Control，介质访问控制）地址是厂商在生产网络设备时赋予每一台设备唯一的地址。前 24 位标识网卡的厂商，不同厂商生产的标识不同，后 24 位是由厂商指定的网络设备的序列号。

开启无线路由器的"MAC 地址过滤"功能，在 MAC 地址列表中输入允许接入网络的 MAC 地址，这样利用 MAC 地址的唯一性，可以非常有效地阻止非法用户。

开启方法：打开"无线管理"→"无线 MAC 过滤"，首先开启"无线访问控制状态"，然后在"无线访问控制规则"可以根据实际情况选择"允许表中 MAC 的无线连接"或"禁止表中 MAC 的无线连接"，如图 2-48 所示。

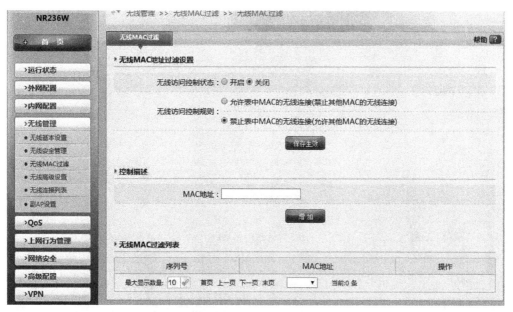

图 2-48　无线 MAC 过滤

如果选择"允许表中 MAC 的无线连接"，只需要在下方的"MAC 地址"中填入需要连接设备的 MAC 地址并单击"增加"按钮即可，如图 2-49 所示。

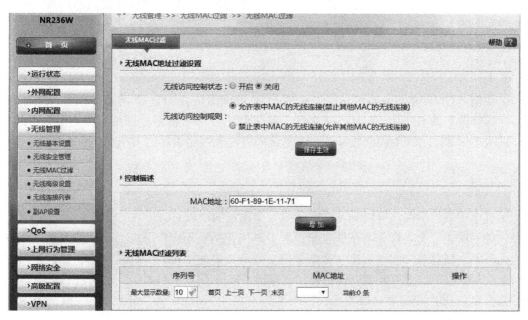

图 2-49　无线 MAC 过滤

5）关闭 DHCP 服务器。

DHCP 是自动为接入无线网络的用户分配 IP 地址的一项功能，省去了用户手动设置 IP 地址的麻烦。

一旦关闭了 DHCP 功能，想要连接到无线网络的非法用户就没法自动分配到 IP 地址了，就必须手工输入 IP 地址，而为了不让非法用户轻易猜到无线路由器的 IP 地址段，还必须修改无线路由器的默认 IP 地址。此时非法用户想要连接网络就必须逐个尝试每个 IP 地址段，非常麻烦。所以建议大家关闭 DHCP 功能，并修改默认 IP 地址，如图 2-50 所示。选择"内网配置"→"DHCP 服务"命令，在右边的"DHCP 服务器状态"选"禁止"即可。

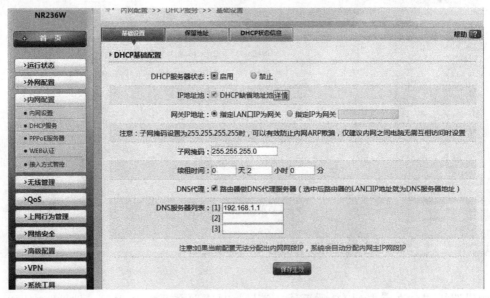

图 2-50　关闭 DHCP 服务

在关闭无线路由器的 DHCP 功能后，如何才能连接上无线网络呢？很简单，只需手动设置无线网卡的 IP 地址即可。

知识补充

手动输入的 IP 地址只要和无线路由器的 IP 地址保持在同一 IP 地址段即可，例如，无线路由器修改后的 IP 地址为 192.168.23.1，那么无线网卡的 IP 地址即可设置为 192.168.23.X（X 表示 2 ~ 254 之间的任意数字）；而默认网关与无线路由器的 IP 地址相同即可。

项目总结

通过本项目的学习，可以学习桌面环境安全设置的步骤。

任务 1 讲述了个人操作系统的安全设置，其中包括更新操作系统补丁、禁用来宾账户、设置强密码、提高账户安全级别、数据备份。任务 2 讲述了安装并设置防护软件，包括安装和设置杀毒软件、设置防火墙以及安装和设置辅助软件。任务 3 讲述了无线路由器安全设置，包括修改默认用户和密码、设置无线网络密码、关闭 SSID 广播、开启 MAC 地址过滤、关闭 DHCP 服务器。

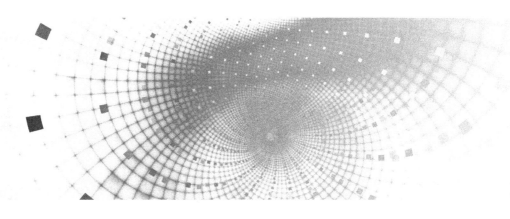

服务器模块安全实现

项目概述

　　实验环境定位于中小型网络的数据中心，此类数据中心一般还没有开始进行私有云的建设，所以此处设计为 Server1 到 ServerN 上安装 Windows Server 2012 R2-Datacenter 版本操作系统，为以后安装自带虚拟化软件 Hyper-v，并部署 System Center 2012 构建私有云做好基础平台；存储系统采用 x86 架构服务器安装 Windows Server 2012 R2 企业版本操作系统，提供 iSCSI 存储空间，并通过多通道技术来保证数据源可达，如图 3-1 所示。

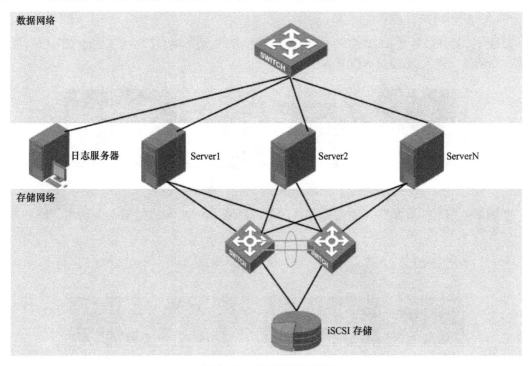

图 3-1　服务器拓扑图

　　本项目分为 6 个任务：任务 1 讲解共享存储配置磁盘阵列，任务 2 讲解通过 iMana 远程管理服务器并安装操作系统，任务 3 讲解在服务器上配置防火墙和计算机策略，任务 4 讲解共享存储配置 iSCSI 服务及客户端，任务 5 讲解在服务器上实施备份计划，任务 6 讲解安装并配置日志服务器。

扫描二维码
观看视频

任务1 共享存储配置磁盘阵列

【任务描述】

服务器工程师老李决定把公司的 iSCSI 存储服务器操作系统安装到 RAID0 磁盘组，保证系统不会因一块硬盘损坏而不能启动；数据存放到 RAID5 磁盘组，在保证数据安全的前提下，提高读写速度并节省磁盘空间。华为服务器 RH2288V2 作为公司的数据存储中心，服务器上的 6 块硬盘分为两组，一组 2 块磁盘建立 RAID0 磁盘组；另外 4 块磁盘建立 RAID5 磁盘组，并提供 iSCSI Target 服务。

【任务分析】

iSCSI 存储服务器操作系统需要安装到 RAID0 磁盘组保证系统不会因一块硬盘损坏而不能启动；数据存放到 RAID5 磁盘组，在保证数据安全的前提下，提高读写速度并节省磁盘空间。iSCSI 存储服务器通过配置 RAID 卡适配器的 WebBIOS，配置 RAID0 磁盘组和 RAID5 磁盘组。

【任务实施】

1. 创建 RAID1 磁盘组

步骤1：打开服务器 RH2288V2 的电源，在 RAID 卡适配器自检页面按组合键 <Ctrl+H>，如图 3-2 所示，进入 WebBIOS 配置界面。

图 3-2　开机 RAID 卡适配器自检页面

步骤2：在选择适配器界面选择默认的 RAID 卡 SAS2208，如图 3-3 所示，然后单击"Start"按钮。

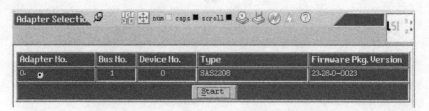

图 3-3　选择适配器页面

步骤3：WebBIOS 主页面如图 3-4 所示，左侧为选项卡，右侧显示现有的物理硬盘，硬盘状态为"Unconfigured Good"（没有配置但已准备好的硬盘）。单击左侧的"Configuration Wizard"链接。

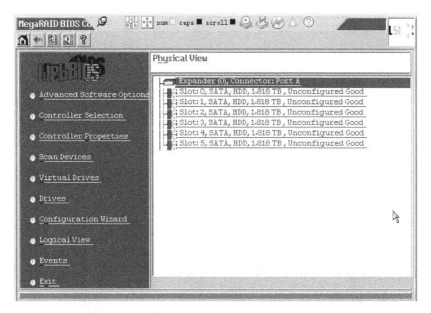

图 3-4 　WebBIOS 主页面

步骤 4：在 RAID 卡配置向导中，选择 "Add Configuration" 添加配置到现有 RAID 卡系统，如图 3-5 所示，然后单击 "Next" 按钮。

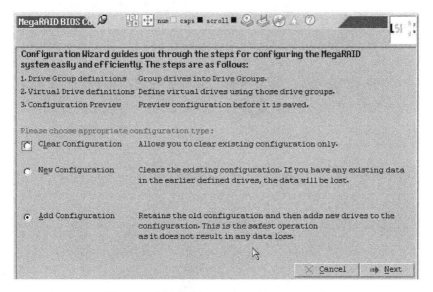

图 3-5 　选择 "Add Configuration"

小知识

"Clear Configuration" 是清空 RAID 卡系统现存的配置信息。"New Configuration" 是清空 RAID 卡系统现存的配置信息，并新建配置。如果现有 RAID 卡系统内已经配置好部分信息，则不要选择这两个选项。

步骤 5：在选择配置模式中选 "Manual Configuration" 进行手工配置，如图 3-6 所示，然后单击 "Next" 按钮。

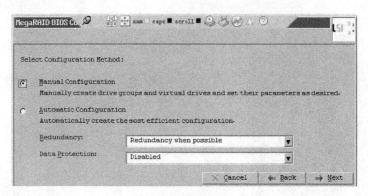

图 3-6　选择手工配置模式

步骤6：在打开的定义磁盘组（Drive Group Definition）界面中，Drives 下面为蓝色字体的是准备好的磁盘，蓝底白字的为选中准备好的磁盘，选择"Slot：0,SATA,HDD,1.818TB,Uncon"；在"Drive Groups"下面选择"Drive Group0"，如图 3-7 所示，然后单击"Add To Array"按钮。

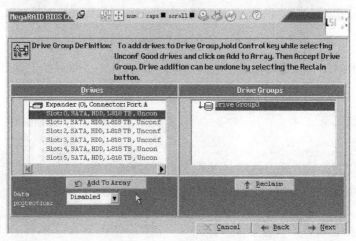

图 3-7　定义磁盘组 1

步骤7：依次把槽位 Slot：0 和 Slot：1 的硬盘加入到 Drive Group0 后，如图 3-8 所示，单击"Accept DG"按钮接受硬盘加入到 Drive Group0。

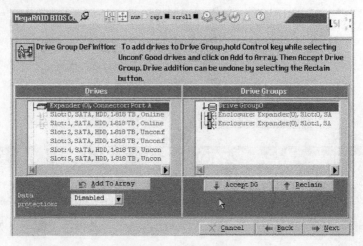

图 3-8　定义磁盘组 2

步骤 8：确定磁盘组 Drive Group0 后，可以发现新出现一个 Drive Group1，如图 3-9 所示，单击"Next"按钮。

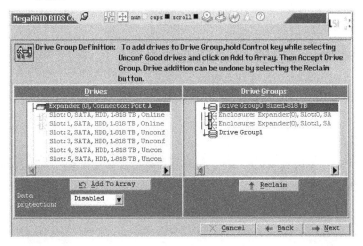

图 3-9 定义磁盘组 3

步骤 9：添加阵列角色到 Span，选择"DriveGroup：0,Hole：0，R0,R1,3.636TB"，如图 3-10 所示，然后单击"Add to SPAN"按钮。

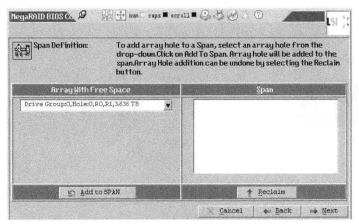

图 3-10 添加阵列角色到 SPAN1

小知识

JBOD（Just a Bunch Of Disks，简单磁盘捆绑）是一个不太正规的术语，官方术语称作"Spanning"，它用来指还没有根据 RAID（独立磁盘冗余阵列）系统配置以增加容错率和改进数据访问性能的计算机硬盘。

步骤 10：在图 3-11 中显示"DriveGroup：0,Hole：0，R0,R1,3.636TB"已经加入到 Span，单击"Next"按钮。

步骤 11：在配置 Virtual Drives（虚拟磁盘）界面中，选择"RAID Level"为 RAID1，也就是选择两块磁盘作为镜像磁盘，如图 3-12 所示，然后单击"Select Size"后面的"Update Size"把所有的磁盘空间都加入虚拟磁盘。

步骤 12：选择所有的磁盘空间后，显示"Select Size"为 1.818TB，如图 3-13 所示，也就是把两块 1.818TB 磁盘的空间镜像后为 1.818TB，然后单击"Accept"按钮。

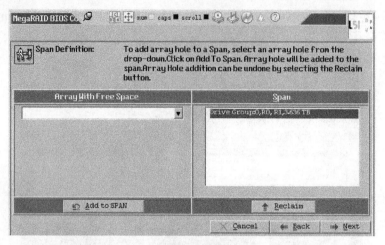

图 3-11　添加阵列角色到 SPAN2

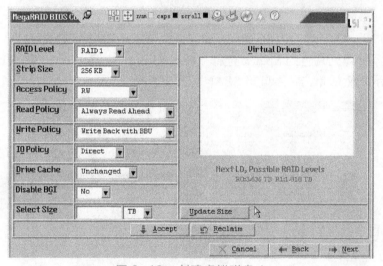

图 3-12　创建虚拟磁盘 1

图 3-13　创建虚拟磁盘 2

在选择磁盘空间时，可以把所有的磁盘空间加入现有的 VD，也可以把部分空间加入，假设此处选择 200GB 加入 VD0，那么其他的磁盘空间就可在新建 VD 时加入其他 VD，RAID 级别会与此处的 RAID 级别保持一致，不可以更改。

步骤 13：在图 3-14 所示的页面中可以看到已经创建虚拟磁盘"VD0"，然后单击"Next"按钮。

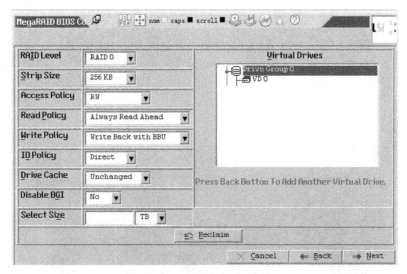

图 3-14　创建虚拟磁盘 3

步骤 14：在图 3-15 所示的配置预览界面可以查看磁盘和磁盘组的对应关系，然后单击"Accept"按钮。

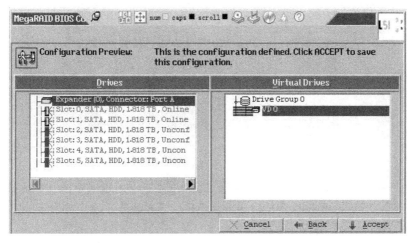

图 3-15　配置预览界面

步骤 15：在图 3-16 所示的选择是否回写到 BBU 页面中，单击"Yes"按钮。

步骤 16：在图 3-17 保存配置页面中，单击"Yes"按钮。

步骤 17：图 3-18 警告所有在虚拟磁盘上的数据都会丢失，是否初始化，单击"Yes"按钮。

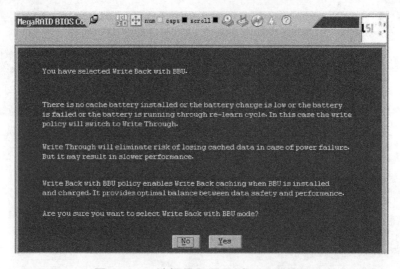

图 3-16   选择是否回写到 BBU 页面

图 3-17   保存配置页面

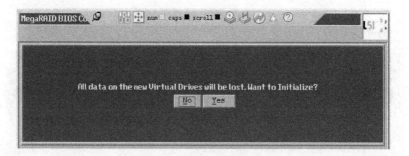

图 3-18   初始化虚拟磁盘

步骤18：在弹出的 Virtual Drives 界面，可以显示虚拟磁盘"VD0：RAID1：Optimal"，选择"Set Boot Drive（current=NONE）"，单击"Go"按钮把此虚拟磁盘设置为启动磁盘，如图 3-19 所示。

步骤19：选择 VD0 后可以显示"Set Boot Drive（current=0）"，即 VD0 现在为启动磁盘，如图 3-20 所示。然后单击"Home"按钮。

步骤20：在逻辑视图界面（见图 3-21）中可以看到已经创建了一个"Drive Group：0"，使用的 RAID1 模式，此 DG 建立了一个"Virtual Drives"，也就是"Virtual Drives：0,1.818TB，Optimal"，此 DG 中有两个磁盘，分别为 Slot：0 和 Slot：1 槽位的磁盘。

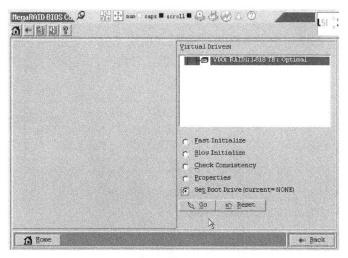

图 3-19　Virtual Drives 界面 1

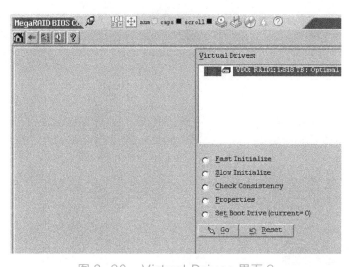

图 3-20　Virtual Drives 界面 2

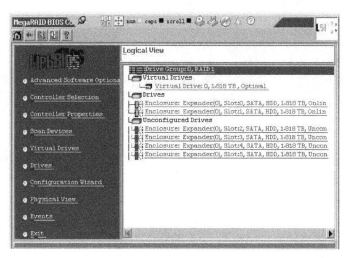

图 3-21　逻辑视图界面

2. 创建数据磁盘组 RAID5

步骤1：在主页面中单击磁盘配置向导后，在定义 DG 页面中，把 Slot：2、Slot：3、Slot：4 和 Slot：5 通过 "Add To Array" 依次加入 "Drive Group1"，如图 3-22 所示，然后依次单击 "Accept DG" 按钮和 "Next" 按钮。

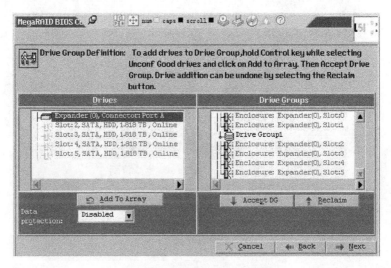

图 3-22 定义 DG 页面

步骤2：在定义 Span 界面中，选择 "Drive Group：1，Hole：0，R0,R1，R5,R6，7.272"，如图 3-23 所示，单击 "Add to SPAN" 按钮，然后依次单击 "Accept" 和 "Next" 按钮。

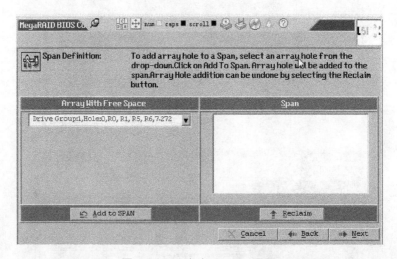

图 3-23 定义 Span 界面

步骤3：选择 RAID 级别为 RAID5，并单击 "Select Size" 后的 "Update Size" 按钮，如图 3-24 所示，选择的硬盘空间为 5.454TB，然后单击 "Accept" 按钮。

步骤4：可以显示新建了一个 "Drive Group" 为 VD1，如图 3-25 所示，然后单击 "Next" 按钮。

步骤5：在配置预览界面中可以看到所有的 6 块磁盘已经加入磁盘组，有两个 VD，分别为 VD0 和 VD1，如图 3-26 所示，然后单击 "Accept" 界面。

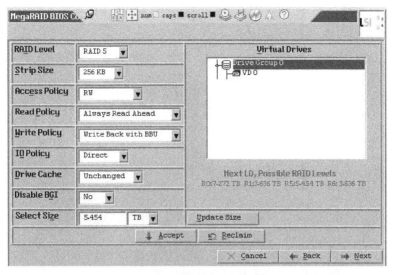

图 3-24　配置虚拟磁盘组 1

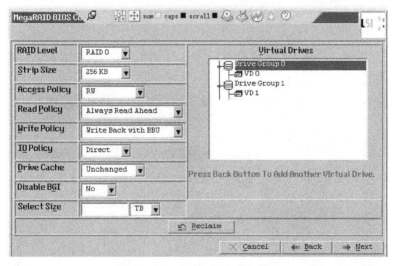

图 3-25　配置虚拟磁盘组 2

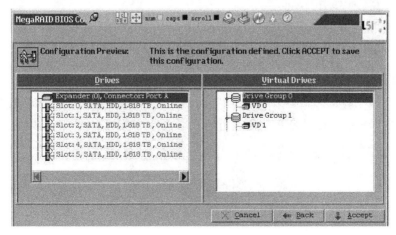

图 3-26　配置预览界面

步骤 6：保存配置后，在如图 3-27 所示的虚拟磁盘界面中，可以查看新建的 VD1 为 RAID5，空间为 5.454TB，然后单击"Home"按钮。

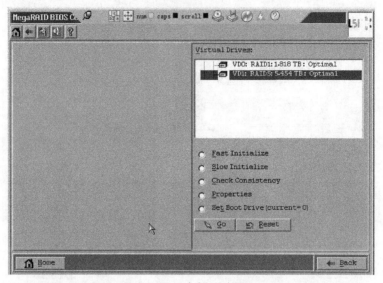

图 3-27　虚拟磁盘界面

步骤 7：在逻辑视图界面中，可以查看到所有的 VD 及其所拥有的磁盘，如图 3-28 所示。检查无误后，单击"Exit"按钮。

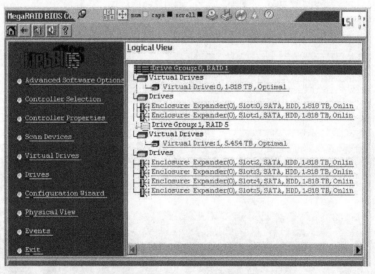

图 3-28　逻辑视图界面

步骤 8：在退出程序界面中单击"Yes"按钮，如图 3-29 所示。这样就退出了 RAID 配置系统，RAID 卡初始化硬盘会在后台进行，只有服务器断电才会打断初始化。

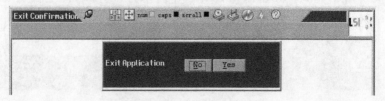

图 3-29　退出程序

【知识补充】

1. RAID 简介

RAID（Redundant Array of Independent Disks，独立磁盘冗余阵列）的基本思想就是把多个相对便宜的小磁盘组合起来，成为一个磁盘组，使其性能达到甚至超过一个价格昂贵、容量巨大的磁盘。根据选择的冗余阵列模式不同，RAID 比单盘有以下一个或多个方面的益处：增强数据整合度、增强容错功能、增加吞吐量或容量等特性。另外，磁盘组对于计算机来说，看起来就像一个单独的磁盘或逻辑存储单元。常用的磁盘冗余阵列模式分为 RAID0、RAID1、RAID5、RAID10、RAID50。

RAID0：这一技术有条带但是没有数据冗余，它提供了最好的性能但是不能容错，如图 3-30 所示。

RAID1：这一个类型也称为磁盘镜像，至少由两个复制数据存储的驱动器组成，没有条带，如图 3-31 所示。因为任一驱动器能同时被读，读取性能被改良。写性能和单一磁盘存储相同。在多用户系统中，RAID1 能提供最好的性能和最好的容错。

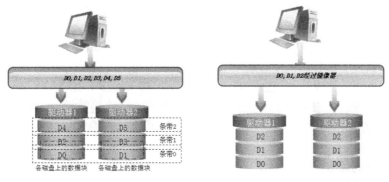

图 3-30　RAID0 原理图　　　　图 3-31　RAID1 原理图

RAID5：数据以块为单位分布到各个硬盘上，RAID5 把数据和与其相对应的奇偶校验信息存储到组成 RAID5 的各个磁盘上，并且奇偶校验信息和相对应的数据分别存储于不同的磁盘上，如图 3-32 所示。当 RAID5 的一个磁盘数据损坏后，利用剩下的数据和相应的奇偶校验信息去恢复被损坏的数据。RAID5 的阵列需要至少 3 个磁盘，通常是 5 个磁盘。对于性能不是关键或者很少进行写操作的多用户系统，RAID5 是最好的选择。

RAID10：将镜像和条带进行组合的 RAID 级别，先进行 RAID 1 镜像然后做 RAID0。改善读写性能的同时还保证了数据的安全，如图 3-33 所示。RAID10 也是一种应用比较广泛的 RAID 级别。

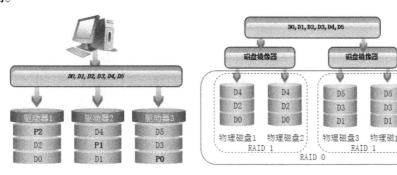

图 3-32　RAID5 原理图　　　　图 3-33　RAID10 原理图

RAID50：是将 RAID5 和 RAID 0 进行两级组合的 RAID 级别，第一级是 RAID5，第二级为 RAID0，并在 RAID0 中条带化来改善 RAID5 的性能，如图 3-34 所示。

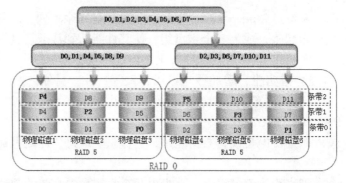

图 3-34　RAID50 原理图

2. RAID 系统简介

RAID 卡一般分为硬 RAID 卡和软 RAID 卡两种。通过用硬件来实现 RAID 功能的就是硬 RAID，独立的 RAID 卡和主板集成的 RAID 芯片都是硬 RAID，通常是由 I/O 处理器、硬盘控制器、硬盘连接器和缓存等一系列零件构成的；通过软件并使用 CPU 的 RAID 卡是指使用 CPU 来完成 RAID 的常用计算，软件 RAID 占用 CPU 资源较高，绝大部分服务器设备是硬 RAID。

不同的 RAID 卡支持的 RAID 功能不同。可支持 RAID0、RAID1、RAID3、RAID4、RAID5、RAID10 等。RAID 卡可以让很多磁盘驱动器同时传输数据，而这些磁盘驱动器在逻辑上又是一个磁盘驱动器，所以使用 RAID 可以达到单个磁盘驱动器几倍、几十倍甚至上百倍的速率。

RAID 卡支持的硬盘接口，主要有 3 种：SCSI 接口、SATA 接口和 SAS 接口。

华为服务器使用的 RAID 卡内嵌 WebBIOS 配置工具，WebBIOS 具有图形界面并可以进行方便的鼠标操作。主要功能如下：显示适配卡的属性、扫描设备、显示 SCSI 通道属性、定义逻辑盘、显示逻辑盘属性、初始化逻辑盘、检测冗余数据一致性、配置物理阵列、选择适配卡和显示物理盘属性等。另外 DELL 公司服务器使用 PERC 控制器，HP 公司使用 HPE Smart Array 控制器，这两种 RAID 卡配置页面与 WebBIOS 有较大差异。

【任务拓展】

查找华为公司服务器产品线并下载相应技术文档，查找如何设置服务器 UEFI、BIOS 和 WebBIOS，如何把新添加的一块硬盘做为整体热备盘。

 任务 2　远程管理服务器

扫描二维码
观看视频

【任务描述】

服务器工程师老李配置华为服务器 RH2288V2，进入 BIOS 启动 CPU 硬件虚拟化功能，设置远程管理 IP 地址和统一的用户名、密码，为远程管理服务器做好基础。在网管工作站安装 Firefox、Chrome 等兼容性较好的 Web 浏览器，安装 Java Runtime，设置其安全性为中等，并在管理工作站远程安装服务器操作系统为 Windows Server 2012。

【任务分析】

在服务器 BIOS 中启动 CPU 硬件虚拟化，来满足安装操作系统及为以后启动虚拟化做好准备；设置远程管理 IP 地址是为了以后能远程管理服务器，通过周期性巡检及时发现服务器问题。管理工作站安装 Java Runtime 是为了能通过浏览器远程控制服务器。

【任务实施】

1. 设置服务器 BIOS 选择

步骤 1：打开服务器电源，自检阶段按 <Delete> 键，如图 3-35 所示。

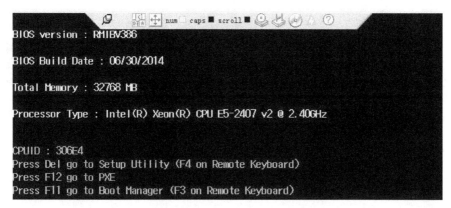

图 3-35　服务器开机界面

步骤 2：在 BIOS 界面中，按 <→> 键打开 "Advanced" 界面，如图 3-36 所示，选择 "Advanced Processor"，按 <Enter> 键。

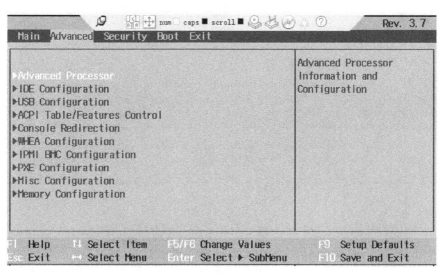

图 3-36　"Advanced" 界面

步骤 3：在 "Advanced Processor" 界面确保 "VT Support" 选项为 "Enabled"，如图 3-37 所示，这样服务器中 CPU 硬件虚拟化功能就开启了，然后按 <Esc> 键返回。

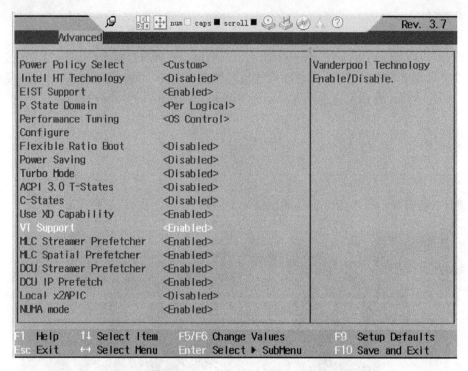

图 3-37 "Advanced Processor" 界面

步骤 4：在 "Advanced" 界面选择 "IPMI BMC Configuration"，如图 3-38 所示，然后按 <Enter> 键。

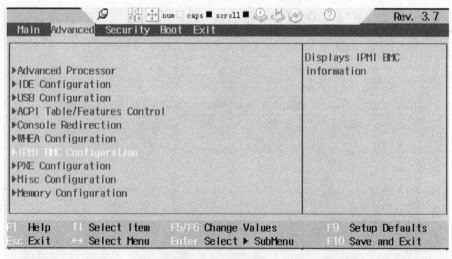

图 3-38 "Advanced" 界面

步骤 5：在 "IPMI BMC Configuration" 界面选择 "BMC Configuration"，如图 3-39 所示，然后按 <Enter> 键。

步骤 6：在 "BMC Configuration" 界面中配置 IPv4 地址为 "192.168.222.117"，子网掩码为 "255.255.255.0"，网关地址为 "192.168.222.1"，如图 3-40 所示，此界面中还可以配置 BMC 管理账户 root 的密码。更改完成后，按 <F10> 键保存，重启服务器。

步骤 7：华为服务器 Mgmt 管理接口（包含 iMana 系统）连接到网络，如图 3-41 所示。

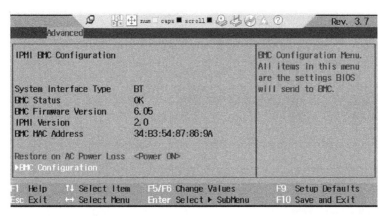

图 3-39 "IPMI BMC Configuration"界面

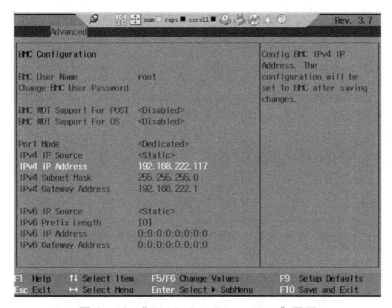

图 3-40 "BMC Configuration"界面

图 3-41 华为服务器 Mgmt 管理接口

2. 安装 Java Runtime 并进行配置

步骤1：打开 Java Runtime 程序，安装 Java 运行环境，如图 3-42 所示。

步骤2：安装完成后，在开始菜单单击"Java"下的"Configure Java"按钮，如图3-43所示。

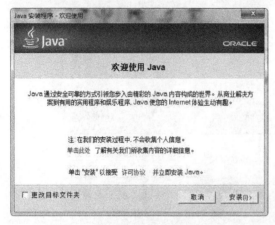

图 3-42 安装 Java 运行环境   图 3-43 Configure Java 页面

步骤3：在Java控制面板中选择"安全"选项卡，如图3-44所示，把安全级别调整为"中（D）（最低的安全设置）"，然后单击"确定"按钮。

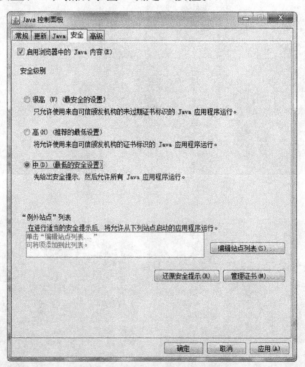

图 3-44 Java 控制面板

如果没有配置步骤3，直接用浏览器打开远程控制界面，则会出现如图3-45所示的证书无效提示，不能登录管理界面。出现此界面的原因是 Java Runtime 的安全级别比较高，只要把安全等级改为中级就能解决。

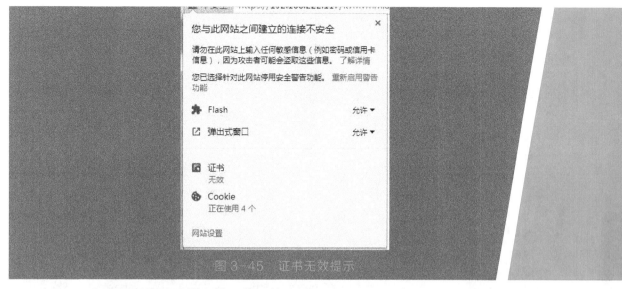

图 3-45 证书无效提示

步骤 4：在浏览器的地址栏中输入管理接口配置的 IP 地址，如图 3-46 所示，显示此网站的安全证书有问题，单击"继续浏览此网站（不推荐）"按钮。

图 3-46 网站的安全证书有问题

步骤 5：在 iMana 200 登录页面中输入用户名 root 和相应的密码，如图 3-47 所示，然后单击"登录"按钮。

图 3-47 iMana 200 登录页面

步骤 6：iMana 管理主页面可以进行系统信息、远程控制、电源管理、事件与日志、实时监控等方面的配置，如图 3-48 所示，然后单击"远程控制"按钮。

步骤7：远程管理界面如图3-49所示，单击"远程虚拟控制台（独占模式）"。

步骤8：浏览器会拦截弹出的窗口，如图3-50所示，选择"始终允许显示 https://192.168.222.117 的弹出式窗口"，然后单击"完成"按钮。

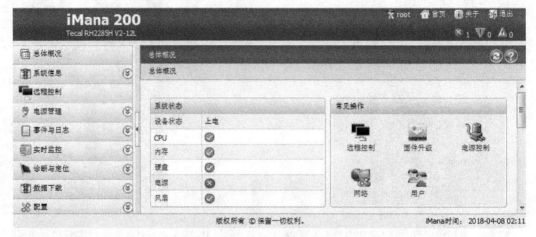

图 3-48　iMana 管理主页面

图 3-49　远程控制页面

图 3-50　浏览器会拦截的窗口

步骤9：在如图3-51所示的安全警告界面询问是否继续连接Web站点时，单击"继续"按钮。

图 3-51　是否继续连接 Web 站点

步骤10：在"是否要运行此应用程序"的安全警告对话框中，选择"我接受风险并希望运行此应用程序"复选框，如图3-52所示，然后单击"运行"按钮。

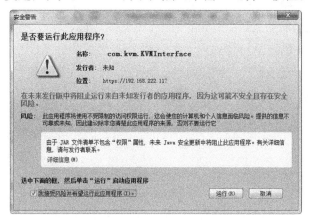

图 3-52　安全警告页面

步骤11：打开服务器远程控制台界面后，单击电源图标，如图3-53所示，可以对服务器进行"上电"操作。

图 3-53　服务器远程控制台

步骤12：单击服务器远程控制台界面上的发送命令对话框，打开如图3-54所示的发送命令界面。

图 3-54   发送命令界面

3. 远程安装操作系统

步骤 1：单击服务器远程控制台界面上的光驱图标，如图 3-55 所示，然后单击"镜像"按钮，浏览到本地计算机的 Windows Server 2012 安装光盘 ISO 文件。

图 3-55   配置远程光驱

步骤 2：重启服务器，在远程控制台的发送命令对话框中自定义区域，按 <F11> 键，如图 3-56 所示，然后单击"发送"按钮。

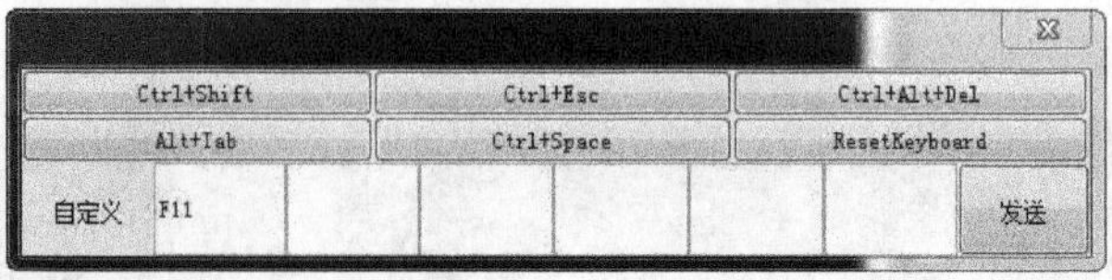

图 3-56   发送命令对话框

步骤 3：在 Boot Manager 界面中，按键 < ↓ > 选择 "HUAWEI DVD-ROM" 选项，如图 3-57 所示，此光驱就是远程计算机上的 ISO 光盘文件，然后按 <Enter> 键。

图 3-57   选择 HUAWEI DVD-ROM

步骤 4：在如图 3-58 所示的 Windows Server 2012 安装程序页面中，单击"下一步"按钮。

步骤 5：在 Windows 安装程序页面中，选择"Windows Server 2012 R2 Datacenter（带有 GUI 的服务器）"，如图 3-59 所示，然后单击"下一步"按钮。

图 3-58　Windows Server 2012 安装程序

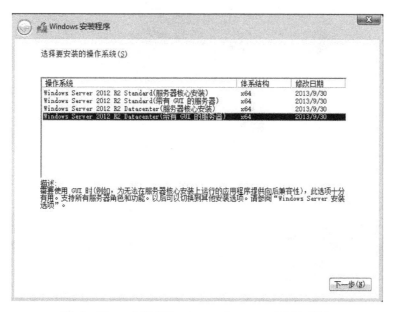

图 3-59　安装 Windows Server 2012 版本

步骤 6：在选择哪种类型安装界面中，选择"自定义：仅安装 Windows（高级）"，如图 3-60 所示，然后按 <Enter> 键。

步骤 7：在 Windows 安装位置页面中选择驱动器 0，也就是前面创建的 RAID0 磁盘，如图 3-61 所示，然后单击"新建"按钮。

步骤 8：设置新建分区大小为 100 000MB，如图 3-62 所示，然后单击"应用"按钮。接着单击"下一步"按钮。

步骤 9：在创建额外分区界面中，如图 3-63 所示，单击"确定"按钮。

步骤 10：选择"驱动器 0 分区 2"，如图 3-64 所示，然后单击"下一步"按钮。

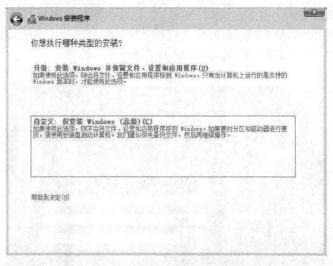

图 3-60　选择安装类型界面

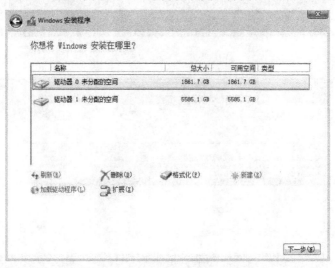

图 3-61　Windows 安装位置

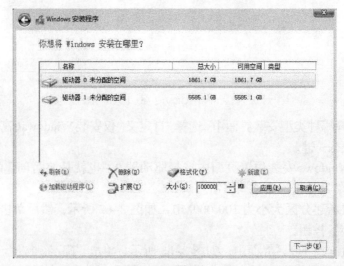

图 3-62　新建分区

图 3-63　创建额外分区界面

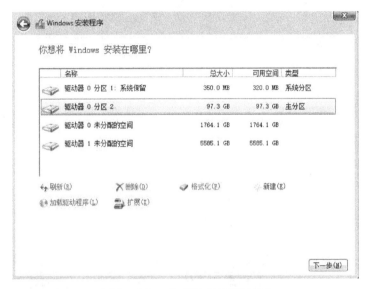

图 3-64　选择安装系统分区

步骤 11：在设置管理员账号密码界面中，按照密码复杂度设置管理员密码，如图 3-65 所示，然后按 <Enter> 键完成系统安装过程。

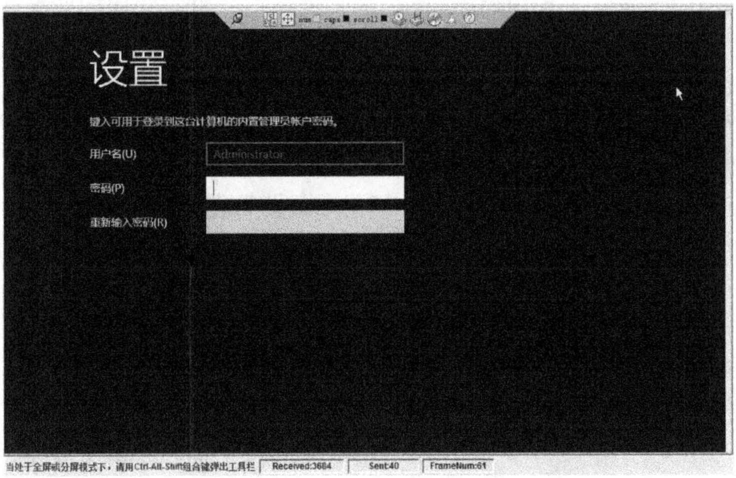

图 3-65　设置管理员账号密码

步骤 12：重启服务器后，输入默认的管理员账号和密码，登录服务器，如图 3-66 所示。

图 3-66　登录 Windows 服务器

1. 远程管理接口简介

现在所有的服务器上都有远程管理接口，不同的公司实现远程管理的原理类似，只是依托不同的标准进行开发，其中华为公司使用 iMana、IBM 公司使用 IMM 接口、HP 公司使用 iLO 接口、DELL 公司使用 iDRAC 接口。

（1）iMana 200 系统

iMana 200 系统是华为技术有限公司自主开发的具有完全自主知识产权的服务器远程管理系统。iMana 200 系统兼容服务器业界管理标准 IPMI 2.0 规范，支持键盘、鼠标和视频的重定向、文本控制台的重定向、远程虚拟媒体、高可靠的硬件监测和管理功能。iMana 200 系统提供了丰富的管理功能，主要功能有：

丰富的管理接口：提供智能平台管理接口、调用级接口、超文本传输安全协议、简单网络管理协议和 Web 服务管理协议，满足多种方式的系统集成需求。

完全兼容 IPMI 1.5/IPMI 2.0：提供最标准的管理接口，可与任何标准管理系统集成。

故障检测和告警管理：故障检测和故障管理，保障设备 7×24 小时高可靠运行。

虚拟 KVM（Keyboard Video and Mouse）和虚拟媒体：提供方便的远程维护手段。

基于 Web 界面的用户接口：可以通过简单的界面操作快速完成设置和查询任务。

屏幕快照和屏幕录像：让定时巡检变得简单轻松。

支持 DNS/LDAP：域管理和目录服务，简化服务器管理网络。

软件双镜像备份：提高系统的安全性，即使当前运行的软件完全崩溃，也可以从备份镜像启动。

（2）iLO 接口

iLO（Integrated Ligth-Out）是 HP 服务器上集成的远程管理端口，它是在一组芯片内部集成 VXworks 嵌入式操作系统，通过一个标准的 RJ-45 接口连接到工作环境的交换机。只要将服务器接入网络并且没有断开服务器的电源，不管 HP 服务器处于何种状态（开机、关机、重启），都可以允许用户通过网络进行远程管理。

（3）iDRAC 接口

iDRAC（Integrated Dell Remote Access Controller，集成戴尔远程控制卡）是 DELL 公司

服务器的远程管理接口，iDRAC 卡相当于是附加在服务器上的一台小计算机，通过与服务器主板上的管理芯片 BMC 进行通信，监控与管理服务器的硬件状态信息。它拥有自己的系统和 IP 地址，与服务器上的 OS 无关。是管理员进行远程访问和管理的利器。iDRAC 接口如图 3-67 右下角 iDRAC 标示的接口所示。

（4）IMM 接口

IMM 是 IBM 服务器上集成的管理芯片，把原有的 BMC、RSA-II、显卡、远程呈现和远程硬盘等功能整合在一个单一的芯片上。IMM 可以对报警和命令进行更好的集成。IMM 强大的功能使得用户在世界的任何角落都能够对服务器进行管理、监控和排障。并且 IMM 有着友好的 Web 管理界面，用户从中可以清晰地对系统状态进行监控，是否有故障点、用户情况、电源装填、详细日志一目了然。

图 3-67　Dell 服务器 iDRAC 接口

2. Java Runtime

Java Runtime 类代表着 Java 程序的运行时环境，每个 Java 程序都有一个 Runtime 实例，管理工作站上的 Web 浏览器访问服务器的远程管理接口时都需要安装 Java Runtime 运行环境。

 服务器操作系统安全设置

【任务描述】

公司的服务器需要周期性更改密码，并且要使用复杂的密码策略，设定账户登录失败后的锁定时间，防止被非法用户暴力破解。同时，对重要文件进行审核，记录成功和失败的访问，允许计算机上 iSCSI 服务被客户机访问，同时建立一条策略允许此计算机上的内部 Web 站点能被其他用户访问。

【任务分析】

通过设置组策略完成用户账户、密码、审核等方面的安全控制。使用 Windows 防火墙可以控制客户端访问本地计算机上的服务。

【任务实施】

1. 配置组策略实现安全控制

步骤 1：在"运行"对话框中输入"gpedit.msc"，单击"确认"按钮，打开"本地组策略编辑器"对话框，如图 3-68 所示。

步骤 2：依次打开"计算机配置"→"Windows 设置"→"安全设置"→"账户策略"→"密码策略"，如图 3-69 所示，可以看到"密码必须符合复杂性要求"已启用，也就是设置的密码必须包含数字、字符、大小写等比较复杂的组合。然后双击策略"密码长度最小值"。

步骤 3：在"密码长度最小值"属性中，把"密码必须至少是"改为 8 个字符，如图 3-70 所示，然后单击"确定"按钮，这样以后设置账户的密码长度最小为 8 个字符。当然还可以更改"密码最长使用期限"和"强制密码历史"等密码策略。

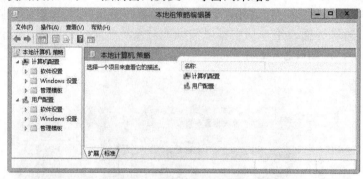

图 3-68　本地组策略编辑器

图 3-69　密码策略

图 3-70　密码长度最小值

步骤 4：选择"账户策略"下的"账户锁定策略"，如图 3-71 所示，双击策略"账户锁定阈值"，如图 3-72 所示。

图 3-71　账户锁定策略

图 3-72　账户锁定阈值

步骤 5：当把"在发生以下情况之后，锁定账户"改为 5 次无效登录后，"账户锁定时间"和"重置账户锁定计数器"这两个策略的建设设置时间为 30 分钟，如图 3-73 所示，然后单击"确定"按钮。

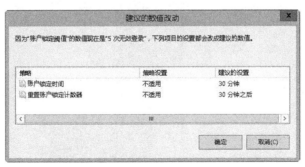

图 3-73　建议的数值改动

步骤 6：可以看到更改账户锁定策略后，最终获得策略组合如图 3-74 所示。

步骤 7：依次打开"计算机配置"→"Windows 设置"→"安全设置"→"本地策略"→"审核策略"，如图 3-75 所示，可以在此处审核策略更改、登录事件、对象访问、进程跟踪、系统事件、账户管理等事件。此处双击"审核登录事件"。

图 3-74　账户锁定策略

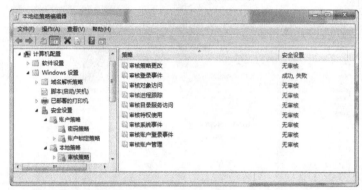

图 3-75　审核策略

步骤8：在"审核登录事件"属性中，设置审核这些操作，勾选"成功"和"失败"，如图3-76所示，这样当有用户登录系统时不管成功或者失败都会被记录，然后单击"确定"按钮。

步骤9：在"审核对象访问"属性中设置"审核这些操作"，勾选"成功"和"失败"，如图3-77所示，这样当有用户访问被审核对象时不管成功或者失败都会被记录，然后单击"确定"按钮。

图 3-76　审核登录事件

图 3-77　审核对象访问

步骤 10：在服务器上需要审核的文件夹上单击鼠标右键，在弹出的快捷菜单中选择"属性"命令，打开文件夹属性对话框，并切换到"安全"选项卡，如图 3-78 所示，然后单击"高级"按钮。

图 3-78　文件夹属性

步骤 11：在打开的文件夹高级安全设置对话框中，选择"审核"选项卡，如图 3-79 所示，然后单击"添加"按钮。

图 3-79　"审核"选项卡

步骤 12：在"选择用户或组"对话框中，添加用户 Administrator，也可以添加其他的用户和组，如图 3-80 所示，然后单击"确定"按钮。

图 3-80　选择用户或组

步骤 13：在弹出的审核项目对话框中，"类型"设置为"成功"，"应用于"设置为"此文件夹、子文件夹和文件"，"基本权限"设置为"读取和执行""列出文件夹内容"和"读取"，这样就可以对用户 Administrator 访问此文件夹时进行这 3 个方面的审核，如图 3-81 所示。然后单击"确定"按钮。

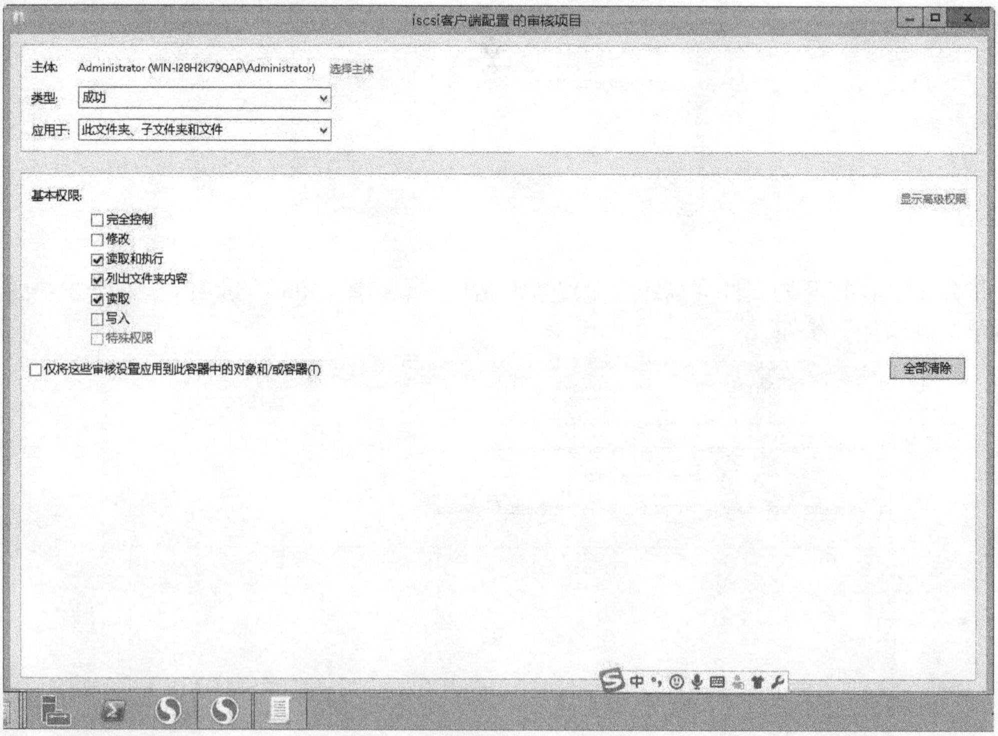

图 3-81　审核项目

步骤 14：完成"审核项目"的设置后，"审核"选项卡如图 3-82 所示。然后单击"确定"按钮。

步骤 15：打开"服务器管理器"中"工具"下的"事件查看器"，选择"Windows 日志"下的"安全"，打开安全相关的时间日志，如图 3-83 所示，可以看到系统对文件系统或其他对象的审核成功或审核失败。

步骤 16：选择一个审核成功的事件，如图 3-84 所示，可以显示审核的对象、审核的任务级别和审核的关键字等信息，作为日志审核内容的依据。

步骤 17：切换到"详细信息"选项卡，可以看到详细的访问信息，如图 3-85 所示。

图 3-82　"审核"选项卡

图 3-83　事件查看器

图 3-84　审核事件常规信息

图 3-85　审核事件详细信息

2. 配置防火墙实现安全设置

步骤1：打开"网络和共享中心"，如图3-86所示，单击"Windows防火墙"按钮。

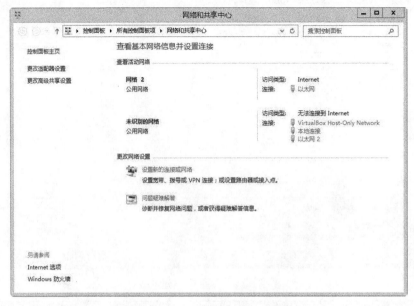

图3-86　网络和共享中心

步骤2：在"Windows防火墙"对话框中可以查看已经在哪些网络中启用了防火墙功能，如图3-87所示，单击"启用或关闭Windows防火墙"按钮。

图3-87　Windows防火墙

步骤3：在"自定义各类网络的设置"对话框中，可以分别对"专业网络"和"公用网络"启用或禁用Windows防火墙，如图3-88所示。此处各个网络设置中保持"启用Windows防火墙"，然后单击"确定"按钮。

步骤4：在图3-87中单击"允许应用或功能通过Windows防火墙"按钮，打开"允许的应用"，然后找到"iSCSI服务"，允许iSCSI服务在"专业"和"公用"网络中通过防火墙进行通信，如图 3-89 所示。

图 3-88　自定义各类网络的设置

图 3-89　允许的应用

步骤 5：在图 3-89 中单击"详细信息"按钮，打开"高级安全 Windows 防火墙"对话框，如图 3-90 所示。可以看到在"高级安全 Windows 防火墙"对话框中可以设置"入站规则""出站规则""连接安全规则"和"监视"功能。

步骤 6：右键单击"入站规则"下的"iSCSI 服务（Tcp-In）"，如图 3-91 所示，然后单击"启用规则"按钮，这样就允许其他服务器对本地服务器的 iSCSI 服务主动发起连接。可以双击此规则，查看此规则的详细属性。

步骤 7：右键单击"出站规则"下的"iSCSI 服务（Tcp-Out）"，如图 3-92 所示，然后单击"启用规则"，这样就允许本地服务器为其他服务器发起 iSCSI 服务请求提供服务。可以双击此规则，查看此规则的详细属性。

图 3-90 "高级安全 Windows 防火墙"对话框

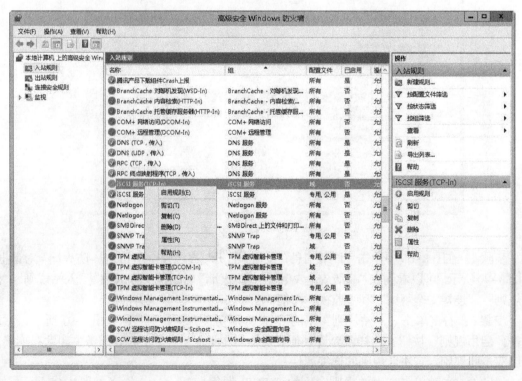

图 3-91 入站规则

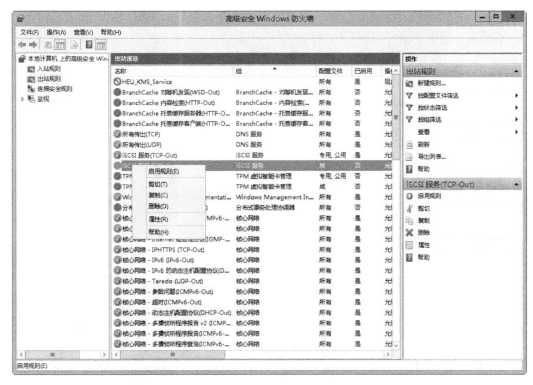

图 3-92　出站规则

步骤 8：在"入站规则"上单击鼠标右键，如图 3-93 所示，在弹出的快捷菜单中选择"新建规则"命令来创建一条入站规则。

图 3-93　新建规则

步骤9：在"新建入站规则向导"对话框的"规则类型"中选择"端口"单选按钮，如图 3-94 所示，然后单击"下一步"按钮。

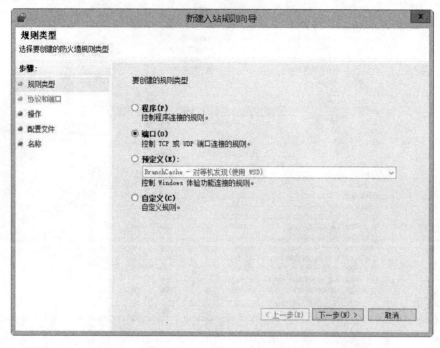

图 3-94　新建入站规则类型

步骤10：在"新建入站规则向导"对话框的"协议和端口"中选择"TCP"单选按钮，设置"特定本地端口"为 80，如图 3-95 所示，然后单击"下一步"按钮。

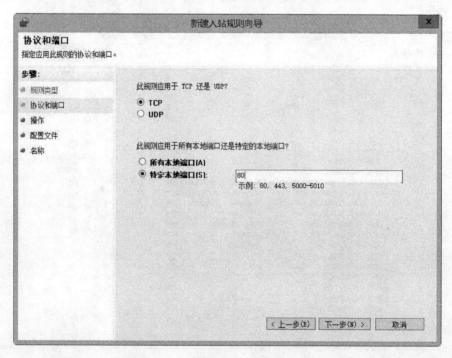

图 3-95　新建入站规则协议和端口

知识链接

FTP 服务使用 TCP 下的 20 和 21 端口；HTTP 服务使用 80 端口；HTTPS 使用 443 端口；Windows 终端服务器使用 3389 端口；iSCSI 服务使用 TCP 下的 3260 端口；DNS 服务使用 TCP 和 UDP 的 53 端口；SMB 文件服务使用 TCP 下的 445、139 和 389 及 UDP 下的 137 和 138 端口。

步骤11：在"新建入站规则向导"对话框的"操作"中选择"允许连接"单选按钮，如图3-96 所示，然后单击"下一步"按钮。

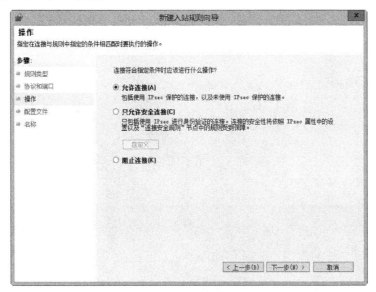

图 3-96　新建入站规则操作

步骤12：在"新建入站规则向导"对话框的"配置文件"中选择应用此规则的网络，选择"域""专用"和"公用"这3种网络，如图3-97所示，然后单击"下一步"按钮。

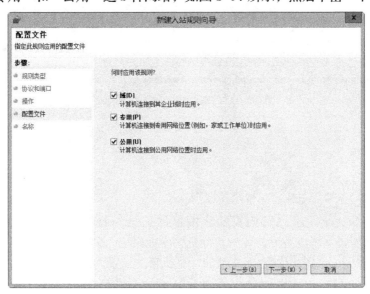

图 3-97　新建入站规则配置文件

步骤 13：在"新建入站规则向导"对话框的"名称"中设置为"permit web server"，如图 3-98 所示，然后单击"完成"按钮，创建并应用了允许外部主机访问本地服务器上的 80 端口的服务，如果需要安全的访问方式，则需要在协议和端口中允许 443 端口。

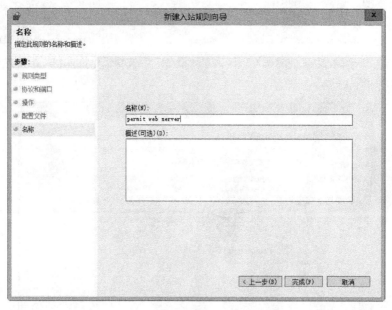

图 3-98　设置新建入站名称

步骤 14：手动创建的规则"permit web server"已经在入站规则中，如图 3-99 所示。

图 3-99　手动创建入站规则

【知识补充】

一、Windows Server 2012 防火墙

在 Windows Server 2012 系统内置防火墙以保护服务器本身免受外部攻击。Windows Server 2012 防火墙将网络位置分为 3 种，分别为专业网络、公用网络和域网络。系统自动判断并设置计算机所在的网络位置，加入域的计算机自动设置为域网络。

系统默认已经启动 Windows 防火墙阻止其他计算机与本机通信。从控制面板中选择"系统和安全"下的"Windows 防火墙"，可以显示当前 Windows 防火墙的状态。

在 Windows 防火墙的"允许的应用和功能"列表中基于网络位置来设置要允许通过 Windows 防火墙的程序和功能。

单击 Windows 防火墙界面的高级功能可以打开"高级安全 Windows 防火墙",在本地计算机的高级安全 Windows 防火墙中可以创建防火墙规则以便阻止或允许此计算机向程序、系统服务、计算机或用户发送流量,或是接收来自这些对象的流量,规则标准只有 3 个:允许、条件允许和阻止,条件允许是指只允许使用 IPSec 保护下的连接通过。本地规则默认有 4 个,分别如下:

1)入站规则:可以为入站通信或可配置规则以指定计算机或用户、程序、服务或者端口和协议。可以指定要应用规则的网络适配器类型:局域网(LAN)、无线、远程访问,例如,虚拟专用网络(VPN)连接或者所有类型。还可以将规则配置为使用任意配置文件或仅使用指定配置文件时应用。

2)出站规则:为出站通信创建或修改规则,功能同入站规则。

3)连接安全规则:使用新建连接安全规则向导创建 Internet 协议安全性(IPSec)规则,以实现不同的网络安全目标,向导中已经预定义了 4 种不同的规则类型(隔离、免除身份验证、服务器到服务器、隧道),当然也创建自定义的规则,为了便于管理,请在创建连接规则时指定一个容易识别和记忆的名称,方便在命令行中管理。

4)监视:监视计算机上的活动防火墙规则和连接安全规则,但 IPSec 策略除外。

二、Windows 组策略

组策略(Group Policy)是 Microsoft Windows 系统管理员为用户和计算机定义并控制程序、网络资源及操作系统行为的主要工具。通过使用组策略可以定制用户和计算机的工作环境,包括安全选项、软件安装、脚本文件设置、文件夹重定向、桌面外观、用户文件管理等。

组策略可以应用在本地计算机或 Active Directory 中。本地组策略只能作用于所储存的计算机;Active Directory 组策略存储在域控制器上,只能在 Active Directory 环境下使用,可作用于 Active Directory 站点、域或组织单元中的所有计算机和用户,但不能作用到组。

组策略包括两大类:计算机配置和用户配置。

1)计算机配置:包含所有与计算机有关的策略设置,应用到特定的计算机,不同的用户在这些计算机上都受该配置的控制。

2)用户配置:包含所有与用户有关的策略设置,应用到特定的用户,只有这些用户登录后才受到该配置的控制。

组策略设置存储在组策略对象中,无论是用户配置还是计算机配置都包括以下 3 方面的配置内容:

1)软件设置:管理软件的安装、发布、更新、修复和卸载等。

2)Windows 设置:设置脚本文件、账户策略、用户权限、用户配置文件等。

3)管理模板:基于注册表来管理用户和计算机配置。

本地组策略放置目录:C:\Windows\System32\gpedit.msc。打开方式为在"运行"对话框中或浏览器中输入"gpedit.msc"。

任务 4 共享存储配置 iSCSI 服务及客户端

【任务描述】

网络管理员老李决定按如图 3-100 所示的拓扑图连接网络设备建立公司的存储网络，其中 Server1 连接存储网络的两个网卡的 IP 地址分别为 192.168.222.106/24 和 192.168.220.106/24，Server2 连接存储网络的两个网卡的 IP 地址分别为 192.168.222.105/24 和 192.168.220.105/24，iSCSI 存储的两个网卡的 IP 地址分别为 192.168.222.107/24 和 192.168.220.107/24。iSCSI 存储初始化磁盘，配置 2TB 磁盘空间提供 iSCSI 连接服务。Server1 和 Server2 安装 Mpio 多链路连接 iSCSI 存储上的 iSCSI 空间，初始化 iSCSI 磁盘，并测试千兆网络下的数据传输速率。

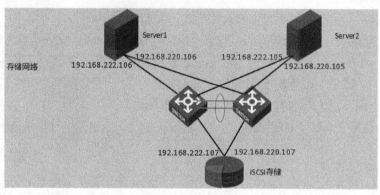

图 3-100 网络拓扑

【任务分析】

数据是企业生存的关键，通过 Mpio 多链路支持 iSCSI 来保证数据的存储路径安全也是非常重要的，注意一定要通过网络设备和服务器的配合使用，才能在保证路径安全的前提下，根据企业规模扩大存储网络的规模。

【任务实施】

1. 对 iSCSI 服务器进行硬盘初始化

步骤1：依次单击"服务器管理"→"工具"→"计算机管理"→"存储"→"磁盘管理"，就会打开如图 3-101 所示的初始化磁盘界面，由于磁盘 1 的容量为 5.68TB，所以磁盘分区形式要使用 GPT（GUID）。然后单击"确定"按钮。

■ 小知识

MBR 磁盘：MBR（主引导记录）是由 IBM 公司提出，它是存在于磁盘驱动器开始部分的一个特殊启动扇区，这个扇区包含了已安装操作系统的系统信息，并用一小段代码来启动系统，最多 4 个主分区，最大支持 2TB 的磁盘分区。

GPT 磁盘：GPT（全局唯一标识磁盘分区表）使用 UEFI 启动的磁盘组织形式，最大支持 256TB 的硬盘，分区数目没有限制。

图 3-101　磁盘分区

步骤2: 右键单击"磁盘 0"上未划分的空间,如图 3-102 所示,单击"新建简单卷"按钮开始分区。

图 3-102　新建简单卷

步骤3：如图3-103所示，在"新建简单卷向导"对话框中单击"下一步"按钮。

步骤4：在"指定卷大小"对话框中，设置简答卷大小（MB）为未分配空间的默认大小1 806 392M，也可以设定为适合的大小，如图3-104所示，然后单击"下一步"按钮。

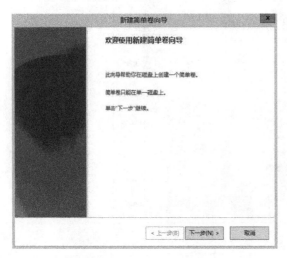

图3-103　新建简单卷　　　　　　　　　　图3-104　指定卷大小

步骤5：在"分配驱动器号和路径"对话框中，设置"分配以下驱动器号"为"E"，如图3-105所示，然后单击"下一步"按钮。

步骤6：在"格式化分区"对话框中，设置"文件系统"为"NTFS"，并执行快速格式化，如图3-106所示，然后单击"下一步"按钮。

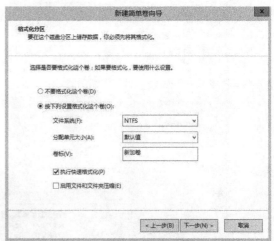

图3-105　分配驱动器号和路径　　　　　　图3-106　格式化分区

步骤7：这样就完成了新建简单卷，如图3-107所示，然后单击"完成"按钮。

步骤8：按照同样的步骤把磁盘1新建卷F，如图3-108所示。

步骤9：在"服务器管理器"对话框中，单击"管理"下的"添加角色和功能"，如图3-109所示。

步骤10：在"添加角色和功能向导"对话框中，选择"添加功能"，如图3-110所示。

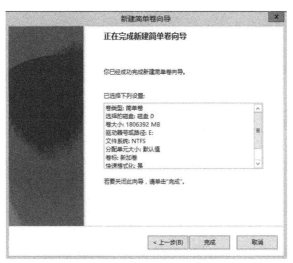

图 3-107　完成新建简单卷

图 3-108　磁盘管理

图 3-109　服务器管理器

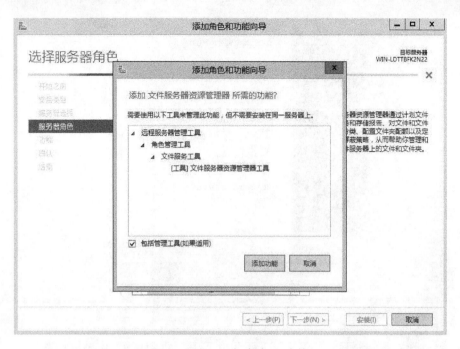

图 3-110　添加角色和功能

步骤 11：在"选择服务器角色"对话框中，选择"文件和 iSCSI 服务"功能，并选择子功能"文件服务器""iSCSI 目标存储提供程序""iSCSI 目标服务器""数据删除重复"和"文件服务器资源管理器"这几个功能，如图 3-111 所示，然后单击"下一步"按钮。

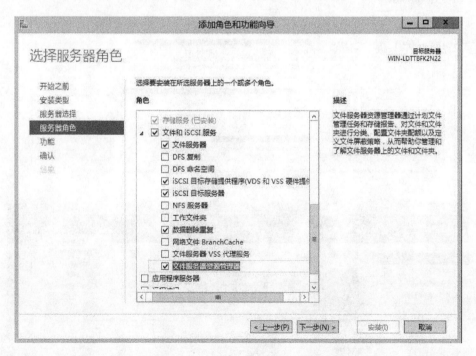

图 3-111　文件和 iSCSI 服务

步骤 12：在"确认安装所选内容"对话框中，确认选择功能无误后单击"安装"按钮，如图 3-112 所示。

图 3-112　确认安装

2. iSCSI 服务器建立 iSCSI Target

步骤 1：依次打开"服务器管理器"→"文件和存储服务"→"iSCSI"，如图 3-113 所示，然后单击"任务"下的"新建 iSCSI 虚拟磁盘"按钮。

图 3-113　新建 iSCSI 虚拟磁盘

步骤 2：在选择 iSCSI 虚拟磁盘位置中，选择服务器为"WIN-LDTTBFK2N22"，选择存储位置为 F:，如图 3-114 所示，然后单击"下一步"按钮。

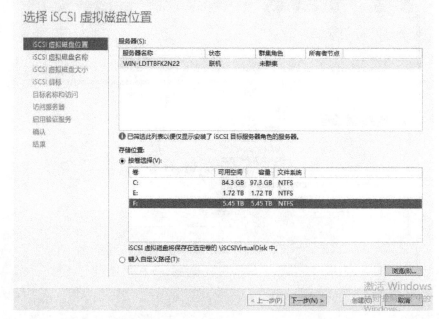

图 3-114　虚拟磁盘存储位置

步骤3：在"指定 iSCSI 虚拟磁盘名称"对话框中设置名称为"Data"，如图 3-115 所示，可以看到 iSCSI 虚拟磁盘存储的路径为"F:\iSCSIVirtualDisks\Data.vhdx"，然后单击"下一步"按钮。

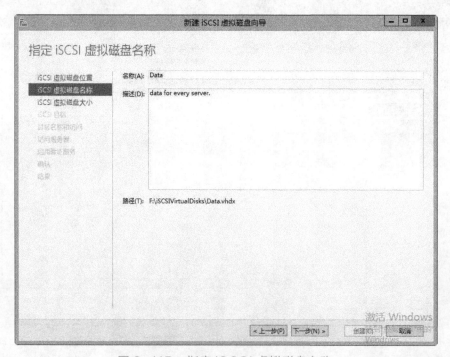

图 3-115　指定 iSCSI 虚拟磁盘名称

步骤4：在"指定 iSCSI 虚拟磁盘大小"对话框中，设置大小为 2TB，磁盘类型为动态扩展，如图 3-116 所示，然后单击"下一步"按钮。

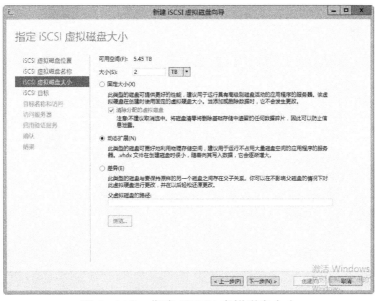

图 3-116 指定 iSCSI 虚拟磁盘大小

小知识

固定大小：预先分配虚拟硬盘空间，有较好的读写性能，但占用空间较多。

动态扩展：根据虚拟硬盘使用量动态扩展虚拟硬盘占用的物理硬盘空间，性能相对固定大小的较差。

差异：此类型的磁盘与要保持原样的另一个磁盘之间存在父子关系，可以在不影响父磁盘的情况下对此虚拟磁盘进行更改，可以很轻松还原更改，类似于虚拟机中的快照功能。

步骤 5：在“分配 iSCSI 目标”对话框中，选择“新建 iSCSI 目标”单选按钮，如图 3-117 所示，然后单击“下一步”按钮。

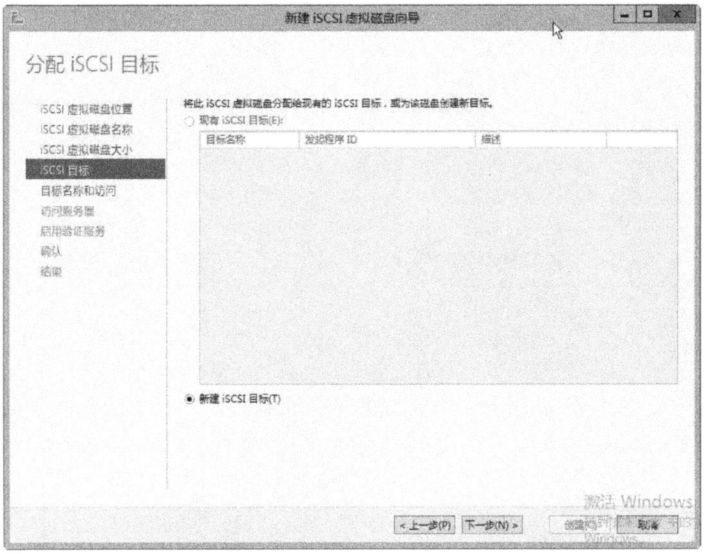

图 3-117 新建 iSCSI 目标

步骤6：在"指定目标名称"对话框中，设置"名称"和"描述"，如图 3-118 所示，然后单击"下一步"按钮。

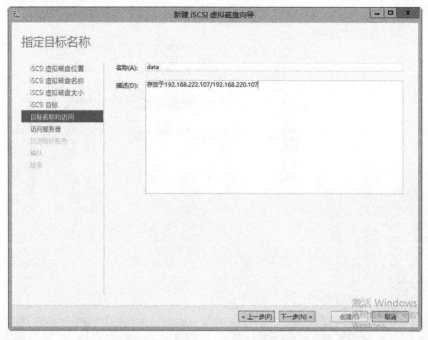

图 3-118　目标名称和访问

步骤7：在"指定访问服务器"对话框中，单击"添加"按钮，如图 3-119 所示。

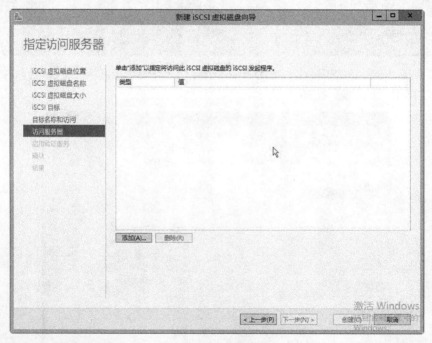

图 3-119　访问目标

步骤8：在"添加发起程序 ID"对话框中，选择"输入指定类型的值"中的类型为"IP 地址"、值为"192.168.222.106"，如图 3-120，然后单击"确定"按钮。

图 3-120 添加发起程序

步骤 9：回到访问服务器界面，同样添加 IP 地址 192.168.220.106，如图 3-121 所示，这两个 IP 地址所属的客户端就可以访问此服务器，然后单击"下一步"按钮。

图 3-121 访问目标

温馨提示

如果有更多的客户端访问此服务器，则可以通过"添加" IP 地址的方式，允许访问此服务器。

步骤 10：在"启用身份验证"对话框中，选择"启用 CHAP"，并设置用户名和密码，如图 3-122 所示，然后单击"下一步"按钮。

图 3-122　启用 CHAP 验证

小知识

　　启用 CHAP 是 iSCSI Target 作为 CHAP 的主认证方，iSCSI Client 作为 CHAP 协议的被认证方。

　　启用反向 CHAP 是 iSCSI Client 做为 CHAP 的主认证方，iSCSI Target 作为 CHAP 的被认证方。

　　同时选择启用 CHAP 和启用反向 CHAP 是启用 CHAP 的双向验证。

　　步骤 11：在确认界面中，可以查看创建 iSCSI 虚拟磁盘的位置、磁盘属性、目标属性、访问服务器和安全信息，如图 3-123 所示，单击"创建"按钮。

图 3-123　确认选择

步骤 12：在"查看结果"对话框中，看到如图 3-124 所示的界面，iSCSI 虚拟磁盘就已经被成功创建，然后单击"关闭"按钮。

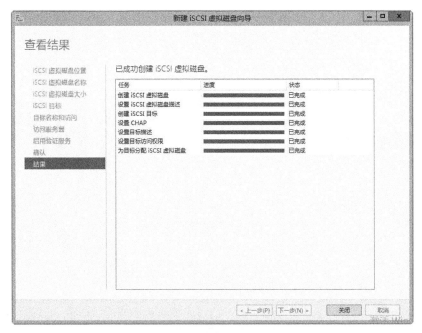

图 3-124　查看结果

步骤 13：回到 iSCSI 管理页面，就可以看到已经创建好的 iSCSI 磁盘，如图 3-125 所示，这样 iSCSI 服务器端就完成了配置。

图 3-125　iSCSI 管理页面

3. 在 iSCSI 客户端安装多路径软件

步骤 1：在 iSCSI 客户端的"添加角色和功能向导"对话框中，选择"多路径 I/O"复选框，如图 3-126 所示，然后单击"下一步"按钮开始添加此功能。

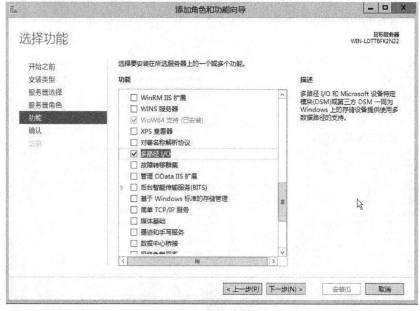

图 3-126　添加多路径 I/O

步骤 2：在"MPIO 属性"对话框中，选择"发现多路径"标签，选择"添加对 iSCSI 设备的支持"复选框，如图 3-127 所示，然后单击"添加"按钮。

步骤 3：在"需要重新启动"对话框中，单击"是"按钮重启服务器，完成 MPIO 功能，如图 3-128 所示。

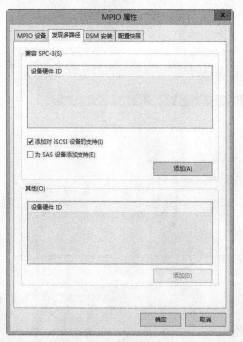

图 3-127　发现多路径

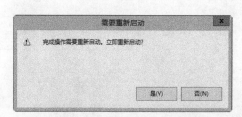

图 3-128　添加多路径功能

4. 在 iSCSI 客户端多路径连接 iSCSI Target

步骤1：依次单击"服务器管理器"→"功能"→"iSCSI 发起程序"，如图 3-129 所示，然后单击"是"按钮，立即启动该服务并让该服务在每次计算机重新启动时自动启动。

步骤2：在打开的"iSCSI 发起程序属性"中，选择"发现"选项卡，如图 3-130 所示，然后单击"发现门户"按钮。

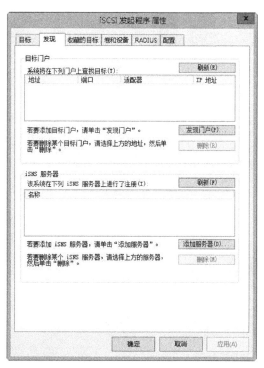

图 3-129　允许 iSCSI 服务　　　　　　　　　　图 3-130　"发现"选项卡

步骤3：在"发现目标门户"对话框中输入服务器的 IP 地址为 192.168.222.107，端口号为 3260，如图 3-131 所示，然后单击"确定"按钮。

步骤4：同样在"发现目标门户"对话框中输入服务器的 IP 地址为 192.168.220.107，端口号为 3260，如图 3-132 所示，然后单击"确定"按钮。

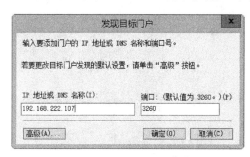

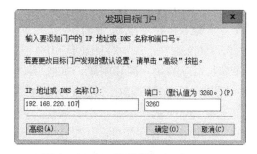

图 3-131　发现目标门户 1　　　　　　　　　　图 3-132　发现目标门户 2

步骤5：返回"iSCSI 发起程序属性"对话框的"发现"标签，如图 3-133 所示，然后单击"目标"标签。

步骤 6：在"目标"标签中，可以在"名称"中看到以"iqn"开头的目标，状态为不活动，如图 3-134 所示，然后单击"连接"按钮。

图 3-133　发现选项卡　　　　　　　　　　图 3-134　目标选项卡

步骤 7：在"连接到目标"对话框中，单击"高级"按钮，如图 3-135 所示。

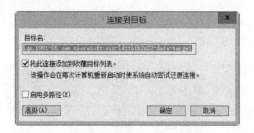

图 3-135　连接到目标

步骤 8：在"高级设置"对话框中，可看到连接方式为 iSCSI，"发起程序 IP"为"192.168.222.106"，"目标门户 IP"为"192.168.222.107/3260"。选择"启用 CHAP 登录"，并输入相应的用户名和密码，如图 3-136 所示，然后单击"确定"按钮。

步骤 9：回到"iSCSI 发起程序属性"对话框的"目标"选项卡中，"状态"为"已连接"，如图 3-137 所示，然后单击"属性"按钮。

步骤 10：在"属性"的"会话"标签中，可以看到"连接计数"为"1"，"身份验证"为"CHAP"，如图 3-138 所示。为了实现到目标的多连接，单击"MCS"按钮。

步骤 11：在"连接到目标"对话框中，选择"启动多路径"复选框，如图 3-139 所示，然后单击"确定"按钮。

步骤 12：在"高级设置"对话框的"常规"标签中，选择"发起程序 IP"为

"192.168.220.106"，"目标门户 IP"为"192.168.220.107/3260"，然后启用 CHAP 登录，输入用户名和密码，如图 3-140 所示，单击"确定"按钮。

步骤13：在"属性"对话框中的"会话"标签中，"标识符"中包含两个会话，如图 3-141 所示，然后单击"确定"按钮。

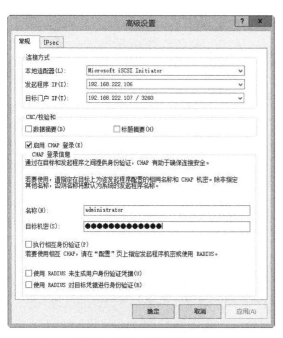

图 3-136　高级设置

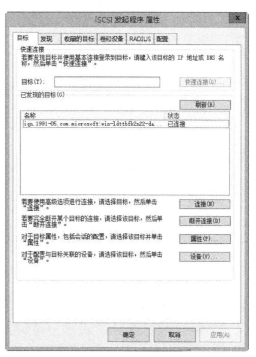

图 3-137　"目标"选项卡

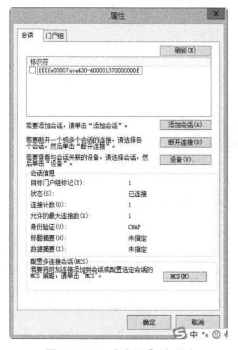

图 3-138　"会话"选项卡

图 3-139　"连接到目标"对话框

图 3-140 "高级设置"对话框

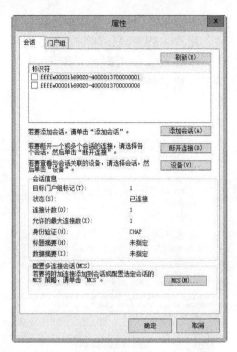

图 3-141 "会话"选项卡

步骤14：依次打开"计算机管理"→"存储"→"磁盘管理"，如图 3-142 所示，可以看到计算机扫描到"磁盘3"，磁盘类型为"未知"，状态为"脱机"。

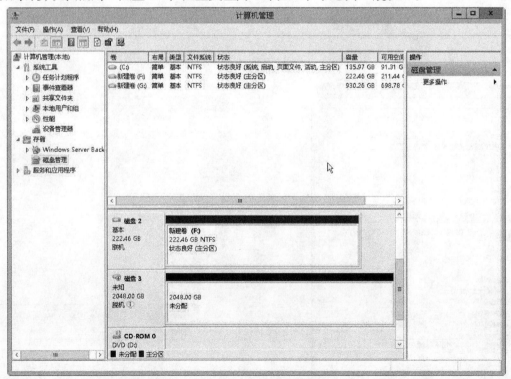

图 3-142 磁盘管理

步骤15：在磁盘3上单击鼠标右键，在弹出的快捷菜单中选择"联机"命令，如图 3-143 所示。

步骤 16：在磁盘 3 上单击鼠标右键，在弹出的快捷菜单中选择"初始化磁盘"命令，如图 3-144 所示。

步骤 17：在"初始化磁盘"对话框中，选择"磁盘 3"复选框，磁盘分区形式选择"MBR（主启动记录）"，然后单击"确定"按钮，如图 3-145 所示。

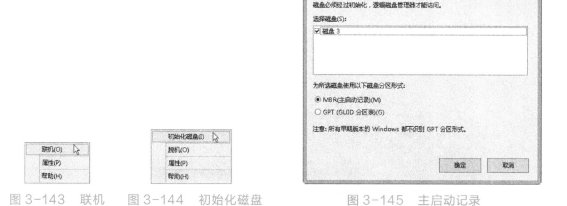

图 3-143 联机　　图 3-144 初始化磁盘　　　　图 3-145 主启动记录

步骤 18：现在磁盘 3 的磁盘类型为基本磁盘，状态为联机，如图 3-146 所示。

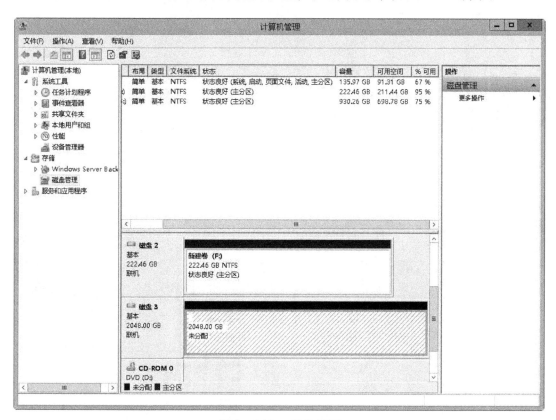

图 3-146 磁盘管理

步骤 19：在磁盘 3 上新建卷后，分配盘符为 H，如图 3-147 所示。

步骤 20：在磁盘"属性"对话框中选择"MPIO"选项卡，如图 3-148 所示，在"该设备包含下列路径"中显示两条路径 ID，并且"路径状态"为"活动 / 已优化"。

图 3-147　磁盘管理

步骤 21：在测试 iSCSI 磁盘性能中，服务器和客户端全部为千兆网络，复制数据速度为 107MB/s，如图 3-149 所示。

图 3-148　"MPIO"选项卡

图 3-149　测试传输

步骤 22：打开"任务管理器"→"性能"的以太网 1 和以太网 2，如图 3-150 和图 3-151

所示，两个以太网链路上都在传输数据，也就可以判断出 iSCSI 多路径中多个路径即能实现负载均衡，又能互为备份。

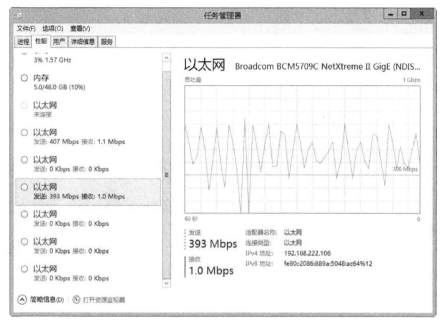

图 3-150　网卡 1 性能

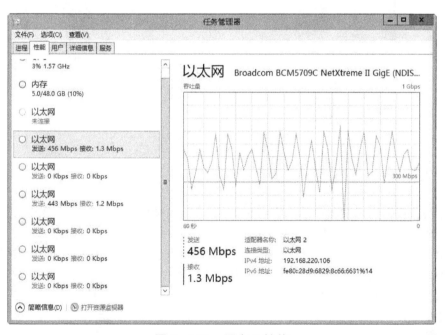

图 3-151　网卡 2 性能

【知识补充】

一、iSCSI 简介

iSCSI（Internet SCSI）是 2003 年 IETF（互联网工程任务组）制订的一项标准，用于将

SCSI 数据块映射成以太网数据包。SCSI 是块数据传输协议,在存储行业广泛应用,是存储设备最基本的标准协议。iSCSI 使用以太网协议传送 SCSI 命令、响应和数据。iSCSI 可以用以太网来构建 IP 存储局域网,克服了直接连接存储的局限性,可以跨不同服务器共享存储资源,并可以在不停机状态下扩充存储容量。

二、iSCSI 基本概念

SCSI 模型采用了客户端 / 服务器模式,客户端称为 Initiator,服务器称为 Target。数据传输是 Initiator 向 Target 发起请求,Target 回应,在 iSCSI 中也沿用了此思路。iSCSI 是传输层上的协议,使用 TCP 连接建立会话,Target 端采用的端口号为 3260,Initiator 端使用的端口号为任意。

Initiator:通常指用户主机系统,用户产生 SCSI 请求,并将 SCSI 命令和数据封装到 TCP/IP 数据包通过 IP 网络传送到 Target。

Target:通常存在于存储设备上,用于把 TCP/IP 数据包解封装转换为 SCSI 命令和数据,并把存储设备回复的 SCSI 数据和命令数据封装到 TCP/IP 数据包。

iSCSI 定义了清晰的层次结构,类比 OSI 模型,iSCSI 的协议栈自顶向下一共可以分为 5 层,如图 3-152 所示。

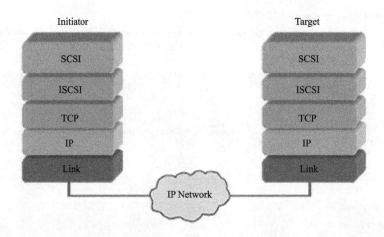

图 3-152　iSCSI 体系架构

SCSI 层:根据应用发出的请求建立 SCSI CDB(命令描述块),并传给 iSCSI 层;同时接受来自 iSCSI 层的 CDB,并向应用返回数据。

iSCSI 层:对 SCSI CDB 进行封装,以便能够在基于 TCP/IP 的网络上进行传输,完成 SCSI 到 TCP/IP 的映射。这一层是 iSCSI 的核心层。

TCP 层:提供端到端的透明可靠传输。

IP 层:对 IP 报文进行路由和转发。

Link 层:提供点到点的无差错传输。

三、iSCSI 实现方式

iSCSI 设备的主机接口一般默认都是 IP 接口,可以直接与以太网络交换机和 iSCSI 交换机连接,形成一个存储区域网络。根据主机端 HBA 卡、网络交换机的不同,iSCSI 设备与主机之间有 3 种连接方式。

1. 以太网卡 +Initiator 软件方式

服务器、工作站等 iSCSI 客户端主机使用标准的以太网卡，通过以太网链路与以太网交换机连接，iSCSI 存储也通过以太网线连接到以太网交换机上，或直接连接到主机的以太网卡上。

iSCSI 客户端主机上安装 Initiator 软件后，Initiator 软件可以将以太网卡虚拟为 iSCSI 卡，接收和发送 iSCSI 数据报文，从而实现主机和 iSCSI 设备之间的 iSCSI 和 TCP/IP 传输功能。

这种方式由于采用普通的标准以太网卡和以太网交换机，无需额外配置适配器，因此硬件成本最低。缺点是进行 iSCSI 存储连接中的报文和 TCP/IP 报文转换需要主机端的一部分资源。不过在低 I/O 和低带宽性能要求的应用环境中可以完全满足数据访问要求。

目前很多最新版本的常用操作系统都提供免费的 Initiator 软件，建立一个存储系统除了存储设备本身外基本上不需要投入更多的资金，因此在 3 种系统连接方式中其建设成本是最低的。

2. 硬件 TOE 网卡 +Initiator 软件方式

由于以太网卡 +Initiator 软件方式把 iSCSI 报文和 TCP/IP 报文的打包和解包全部让主机主处理器来进行运算，数据传输率直接受到主机当前运行状态和可用资源的影响和限制，因此一般无法提供高带宽和高 IOPS 性能。

而具有 TOE（TCP Offload Engine，TCP 卸载引擎）功能的智能以太网卡可以将网络数据流量的处理工作全部转到网卡上的集成硬件中进行，把系统主处理器从处理协议的繁重的内核中断服务中解脱出来，主机只承担 TCP/IP 控制信息的处理任务。

采用 TOE 卡可以大幅度提高数据的传输速率。TCP/IP 栈功能由 TOE 卡完成，而 iSCSI 层的功能仍旧由主机来完成。由于 TOE 卡也采用 TCP/IP，相当于一块高性能的以太网卡，所以硬件 TOE 网卡 +Initiator 软件方式也可以看做是以太网卡 +Initiator 软件方式的特殊情况。

3. iSCSI HBA 卡连接方式

iSCSI HBA 卡连接方式是在主机上安装专业的 iSCSI HBA 适配卡，从而实现主机与交换机之间、主机与存储器之间的高效数据交换。使用 iSCSI HBA 适配卡数据传输性能最好，价格也最高。

四、iSCSI 优点

iSCSI 的技术优点和成本优势主要包括以下几个方面：

1）硬件成本低：构建 iSCSI 存储网络，除了存储设备外，交换机、线缆、接口卡都是标准的以太网配件，价格相对来说比较低廉。同时，iSCSI 还可以在现有的网络上直接安装，并不需要更改企业的网络体系，这样可以最大程度地节约投入。

2）操作简单，维护方便：对 iSCSI 存储网络的管理，实际上就是对以太网设备的管理，只需花费少量的资金去培训 iSCSI 存储网络管理员。当 iSCSI 存储网络出现故障时，问题定位及解决也会因为以太网的普及而变得容易。

3）扩充性强：对于已经构建的 iSCSI 存储网络来说，增加 iSCSI 存储设备和服务器都将变得简单且无须改变网络的体系结构。

4）带宽和性能：iSCSI 存储网络的访问带宽依赖以太网带宽。随着千兆以太网的普及和万兆以太网的应用，iSCSI 存储网络会达到甚至超过 FC（Fiber Channel，光纤通道）存储网络的带宽和性能。

5）突破距离限制：iSCSI存储网络使用的是以太网，因而在服务器和存储设备的空间布局上的限制就会少了很多，甚至可以跨越地区和国家。

任务 5 数据备份安全实现

【任务描述】

网络管理员老李为公司的文件服务器安装了 Windows Server 2012 操作系统，其中"E:\data"为存放公司软件开发项目的共享文件夹，为了防止丢失数据，老李决定对"E:\data"进行数据备份，并计划每天都定时备份，防止误删除。

【任务分析】

数据是一个企业信息化中最重要的部分，关系到企业的存亡。网络管理员可以用手动复制的方式来备份数据，但是管理和操作起来比较麻烦，也容易遗漏数据。如果管理员用备份软件来自动化备份数据就避免了以上问题，企业中一般选择 Windows 自带的备份工具或专业的备份软件来实施数据备份，以保证数据的安全性和完整性，如选择 Windows Server 2012 自带的备份软件 Windows Server Backup 进行数据备份。

【任务实施】

Windows Server 2012 安装包中包含数据备份软件 Windows Server Backup，但此软件默认没有安装，老李决定安装此备份软件，并对"E:\data"进行一次完全数据备份，然后每天 0 点执行计划任务周期性对"E:\data"进行备份。

1. 安装 Windows Server Backup

步骤1：打开"服务器管理器"对话框，如图 3-153 所示，单击"添加角色和功能"按钮。

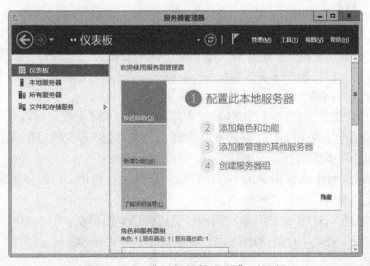

图 3-153 "服务器管理器"对话框

步骤 2：打开"添加角色和功能向导"对话框，如图 3-154 所示，单击"下一步"按钮。

图 3-154　"添加角色和功能向导"对话框

步骤 3：在"安装类型"对话框选择"基于角色或基于功能的安装"单选按钮，如图 3-155 所示，单击"下一步"按钮。

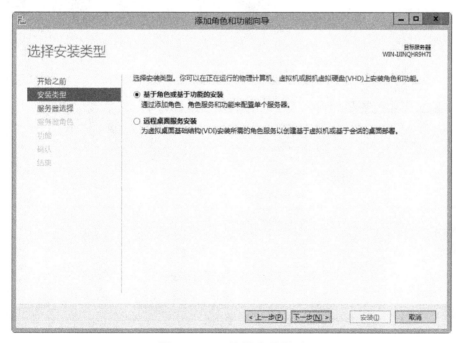

图 3-155　选择安装类型

步骤 4：在"服务器选择"对话框选择"从服务器池中选择服务器"单选按钮，然后在服务器池中选择本地服务器，如图 3-156 所示，单击"下一步"按钮。

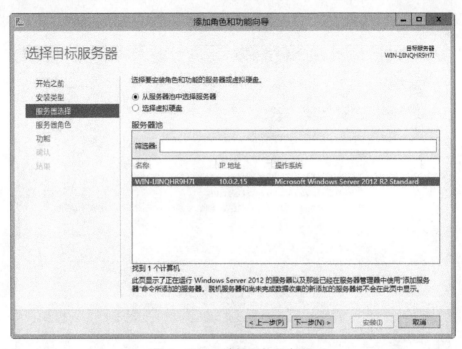

图 3-156　选择目标服务器

步骤 5：打开"服务器角色"对话框，此对话框可以安装服务器的各种角色，如图 3-157 所示，直接单击"下一步"按钮。

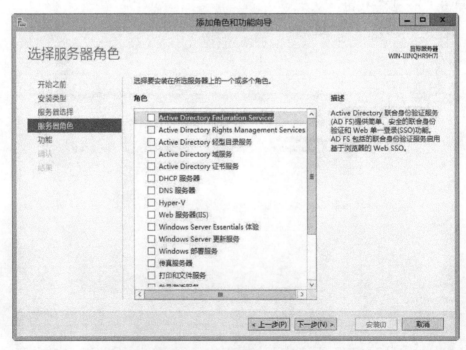

图 3-157　选择服务器角色

步骤 6：在"功能"对话框中勾选"Windows Server Backup"复选框，如图 3-158 所示，然后单击"下一步"按钮。

图 3-158 选择功能

服务器角色指的是服务器的主要功能，一台服务器可以专用于一个服务器角色，也可以安装多个服务器角色，每个角色可以包括一个或多个角色服务，例如，DNS 服务器和 DHCP 服务器就是角色；而功能则提供对服务器的辅助和支持或者功能简单的服务。

步骤 7：在"确认"对话框确认安装 Windows Server Backup，如图 3-159 所示，然后单击"安装"按钮。

图 3-159 确认安装所选内容

步骤 8：Windows Server Backup 安装完成后，如图 3-160 所示，单击"关闭"按钮，

图 3-160　安装进度

2. 执行完整备份

步骤 1：在"服务器管理器"中选择"工具"，如图 3-161 所示，单击"Windows Server Backup"按钮。

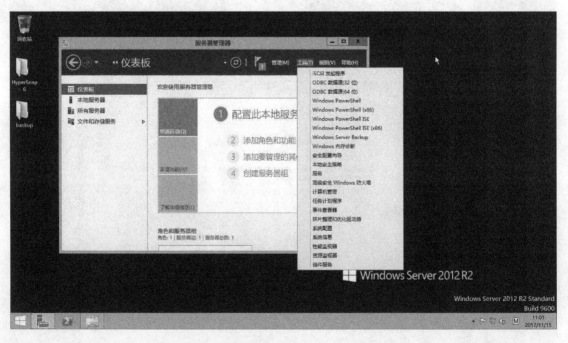

图 3-161　打开 Windows Server Backup

步骤 2：Windows Server Backup 程序主页面如图 3-162 所示，单击左侧的"本地备份"，然后单击右侧的"一次性备份"按钮。

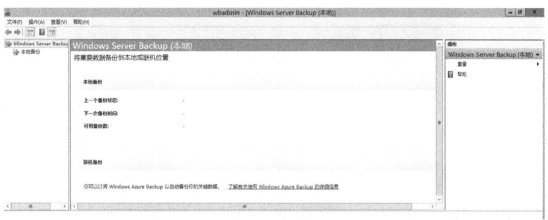

图 3-162　一次性备份

步骤 3：在"备份选项"对话框中选择"其他选项"单选按钮来指定与计划的备份不同的位置或项目，如图 3-163 所示，单击"下一步"按钮。

图 3-163　"备份选项"对话框

步骤 4：在"选择备份配置"对话框中选择"自定义"单选按钮来指定哪些卷和文件用于备份，如图 3-164 所示，单击"下一步"按钮。

步骤 5：在"选择要备份的项"对话框中单击"添加项目"按钮，如图 3-165 所示。

小知识

在此对话框的"高级设置"中可以选择"完全备份"或"副本备份"。管理员可以通过灵活选择完全备份、增量备份和差异备份来减少备份和恢复的时间。

在 Windows Server 2012 的 Backup 软件中仅包含了完全备份和副本备份功能。

图 3-164 "选择备份配置"对话框

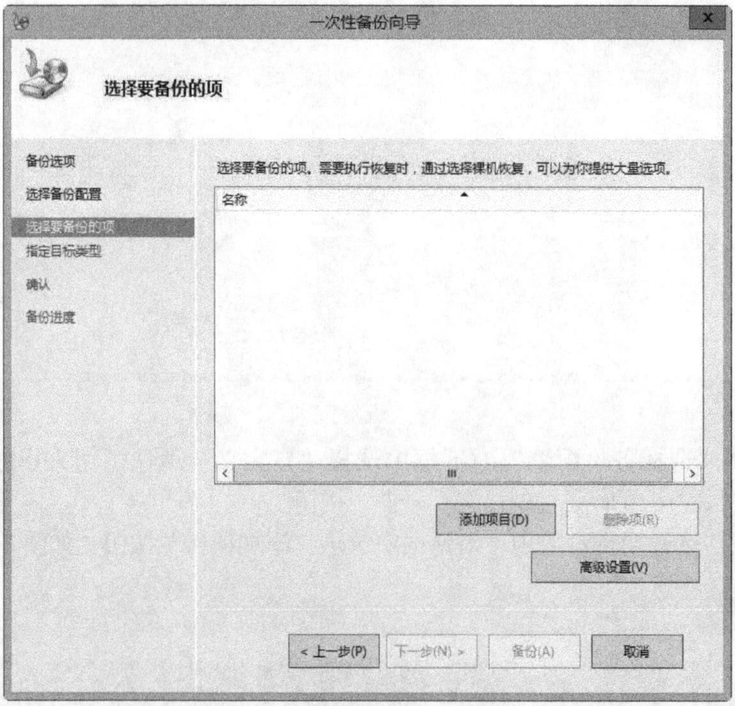

图 3-165 "选择要备份的项"对话框

步骤 6：在"选择项"对话框中选择"data"，如图 3-166 所示，单击"确定"按钮。

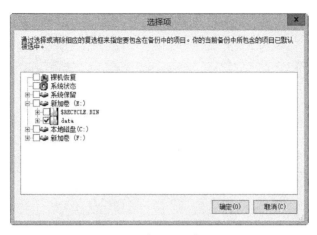

图 3-166　"选择项"对话框

　　裸机恢复：相当于对系统进行一次类似于 Ghost 的备份，当勾选裸机恢复时会自动同时勾选系统状态、系统保留和 C 盘（系统安装盘符）。

　　系统状态：包括启动文件、COM+ 类注册数据库、注册表；如果是域控制器则还包含 Active Directory（NTDS）和系统卷（SYSVOL）；保护证书服务和群集服务器元数据。

　　系统保留：Windows 操作系统在第一次管理硬盘的时候，保留用于存放系统引导文件的分区。

　　步骤 7：回到"选择要备份的项"，如图 3-167 所示，单击"下一步"按钮。

图 3-167　"选择要备份的项"对话框

步骤 8：在"指定目标类型"对话框中选择"本地驱动器"单选按钮，如图 3-168 所示，单击"下一步"按钮。

图 3-168 "指定目标类型"对话框

步骤 9：在"选择备份目标"对话框中，在"备份目标"下拉列表中选择"新加卷（F:）"，如图 3-169 所示，单击"下一步"按钮。

图 3-169 "选择备份目标"对话框

步骤 10：在"确认"对话框中确认要备份的源为"E:\data"，如图 3-170 所示，单击"备份"按钮。

图 3-170 确认备份项目

步骤 11：在"备份进度"对话框中，备份完成后显示"新加卷（E：）"备份已完成，如图 3-171 所示，单击"关闭"按钮。

图 3-171 备份进度

步骤 12：回到"Windows Server Backup"主程序页面，在工作区可以看到上次的备份状态，如图 3-172 所示。

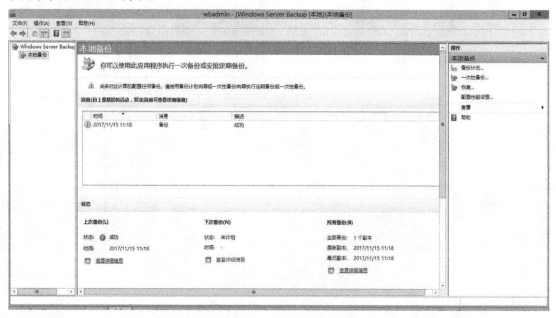

图 3-172　备份主页面

　　网络管理员备份完成后，一定要测试备份的数据是否正确和完整，以免出现正常数据损坏后备份的数据也不能用，造成不可挽回的损失。

3. 执行计划任务

步骤 1：在 Windows Server Backup 程序主页面单击左侧的"本地备份"按钮，然后单击右侧的"备份计划"按钮。打开备份计划向导的"开始"对话框，如图 3-173 所示，单击"下一步"按钮。

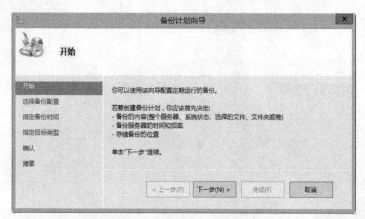

图 3-173　备份计划向导

步骤 2：在"选择备份配置"对话框中选择"自定义"单选按钮，如图 3-174 所示，单击"下一步"按钮。

图 3-174　"选择备份配置"对话框

步骤 3：打开"选择要备份的项"对话框，如图 3-173 所示，单击"添加项目"按钮。

图 3-175　"选择要备份项"对话框

步骤 4：在"选择项"对话框中选择"data"，如图 3-176 所示，单击"确定"按钮。

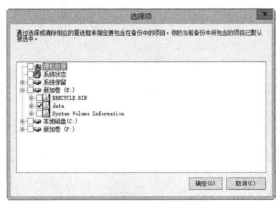

图 3-176　"选择项"对话框

步骤5：回到"选择要备份的项"对话框，如图3-177所示，单击"下一步"按钮。

图3-177 "选择要备份的项"对话框

步骤6：在"指定备份时间"对话框中，选择"每日一次"单选按钮，选择时间"0:00"，如图3-178所示，单击"下一步"按钮。

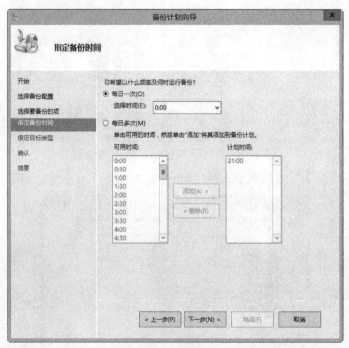

图3-178 "指定备份时间"对话框

步骤7：在"指定目标类型"对话框中，选择"备份到卷"单选按钮，如图3-179所示，单击"下一步"按钮。

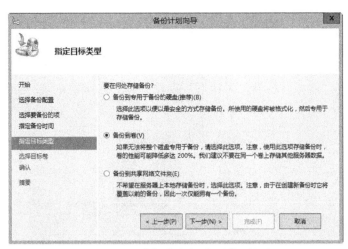

图 3-179　"指定目标类型"对话框

　　如果要备份到共享文件夹，则一定要注意执行本地备份的用户对备份的远程共享文件夹有"读和写"权限。

　　步骤 8：打开"选择目标卷"对话框，如图 3-180 所示，单击"添加"按钮。

图 3-180　"选择目标卷"对话框

　　步骤 9：在"添加卷"对话框中，选择"新加卷（F:）"，如图 3-181 所示，单击"确定"按钮。

图 3-181　"添加卷"对话框

小知识

在 Windows Server 2012 中备份的源和目标不能在同一个磁盘。

步骤 10：回到"选择目标卷"对话框，查看选择的目标卷无误，如图 3-182 所示，单击"下一步"按钮。

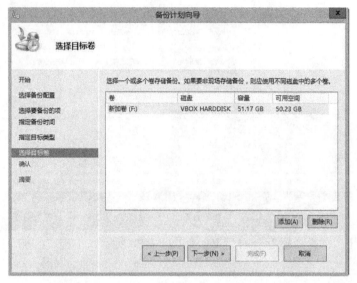

图 3-182 "选择目标卷"对话框

步骤 11：在"确认"对话框中检查要备份的项目和目标，如图 3-183 所示，单击"完成"按钮开始备份。

图 3-183 确认备份计划

步骤 12：备份完成后，会显示"摘要"对话框，显示已经成功创建备份计划，如图 3-184 所示，单击"关闭"按钮。

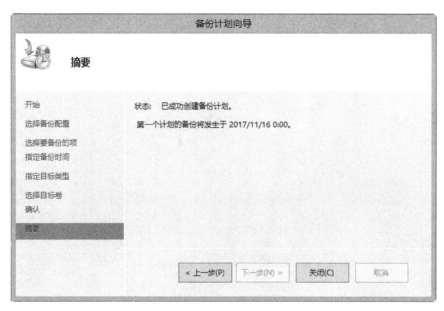

图 3-184 备份摘要

步骤 13：在 Windows Server Backup 的本地备份页面中，可以查看到"下次备份"显示为已计划，如图 3-185 所示，单击"查看计划信息"。

图 3-185 查看计划信息

步骤 14：在"详细信息"对话框中可以查看对"E:"盘进行备份的计划，"开始时间"为"2017/11/16 0:00"，如图 3-186 所示。

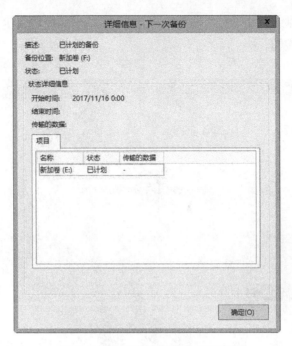

图 3-186 "详细信息"对话框

【知识补充】

一、备份软件

备份软件是一种计算机程序,主要用于备份程序、文件、文档及数据,并可以对数据备份目标和过程进行设定。目前此类软件覆盖服务器、PC、移动设备等各式各样的运行着不同类型操作系统的设备,对保护数据安全和完整性有着重要的作用。

备份软件的目标可以是本地硬盘、远程存储空间、磁带库、光盘塔等。

常用的备份软件有 Windows Server Backup、Cobian Backup、Comodo Backup 等。

二、数据的备份方式

数据的备份方式有完全备份、副本备份、增量备份和差异备份。

完全备份:备份系统不会检查自上次备份后文件有没有被更改过;它只是机械性地将每个档案读出,然后写入备份目录,不管档案有没有被修改过,备份完成后更改文件的存档属性(存档属性可以在文件夹的高级属性中查看)。

副本备份:和完全备份类似,它只是机械性地将每个文件读出,然后写入备份目录,不管档案有没有被修改过,但副本备份不更改文件的存档属性。

增量备份:跟完全备份不同,增量备份在做数据备份前会先判断文件的最后修改时间是否比上次备份的时间来得晚。如果不是,那么表示自上次备份后,这档案并没有被改动过,就不需要备份。如果修改日期比上次备份的日期晚,那么文件就需要备份。

差异备份:差异备份与增量备份类似,都只备份上次备份完更改过的数据。差异备份备份的文件都是自上次完全备份之后曾被改变的文件。如果要复原整个系统,那么只要先复原完全备份,再复原最后一次的差异备份即可。增量备份是针对于上一次备份(无论是哪种备份),备份上一次备份后所有发生变化的文件。

三、异地备份和同城备份

同城备份：是指将生产中心的数据备份在本地的容灾备份机房中，它的特点是速度相对较快。缺点是一旦发生大灾大难，将无法保证本地容灾备份机房中的数据和系统仍可用。

异地备份：通过互联网 TCP/IP，将生产中心的数据备份到异地。备份时要注意"一个三"和"三个不原则"，必须备份到 300km 以外，并且不能在同一地震带，不能在同地电网，不能在同一江河流域。这样即使发生大灾大难，也可以在异地进行数据回退。

【任务拓展】

测试其他备份软件，并了解文件级备份和块级备份的区别。

 任务 6　日志系统的安全实现

【任务描述】

公司为了集中管理和查询单位内部各种服务器、网络设备、数据库、邮件服务器日志，为公司的网络安全及维护提供管理依据，系统管理员老李决定在单位部署一套日志管理系统。老李安装了 EventLog Analyzer 测试版进行测试，如果使用良好则可以购买 License 获得技术支持。

【任务分析】

EventLog Analyzer 测试版是卓豪公司的日志分析工具，它连接现有的 Windows 服务器，集中查看服务器的日志，并可以通过图标的方式获取事件的报表。如果公司未来部署其他服务器如 Linux、ESXi、vCenter、数据库、邮件服务器等，此日志系统也可以提供日志管理。

【任务实施】

下载及安装 EventLog Analyzer

步骤 1：打开网址 www.zohocorp.com.cn，单击"免费下载"按钮下载 EventLog Analyzer，如图 3-187 所示。

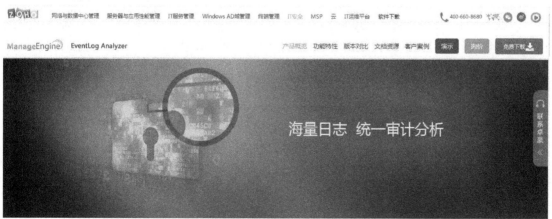

图 3-187　下载页面

步骤2：在"下载试用"界面，输入公司名称、联系人、联系电话和企业邮箱等信息，如图3-188所示，然后单击"提交"按钮就可以获取产品的下载地址。

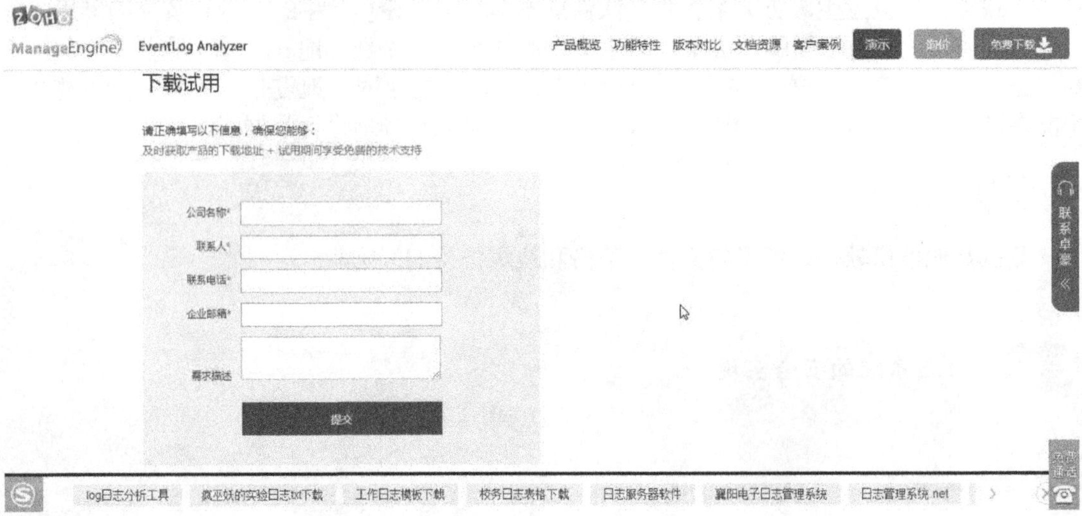

图3-188 下载试用

步骤3：下载完成后，双击EventLog Analyzer安装程序包，开始安装日志服务器，如图3-189所示。

步骤4：安装完成后，在任务栏右下角的"EventLog Analyzer"图标上单击鼠标右键，在弹出的快捷菜单中选择"EventLog Server Status"命令，如图3-190所示。

图3-189 安装日志服务器　　　　　图3-190 启动日志服务器

步骤5：在"EventLog Analyzer Server Status"对话框中可以查看此日志服务器绑定的IP地址、使用的端口号以及服务器状态信息，如图3-191所示。

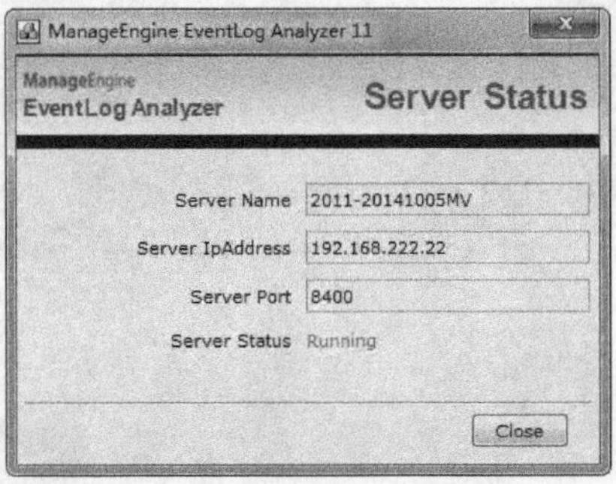

图3-191 查看日志服务器状态

步骤 6：在"EventLog Analyzer"图标上单击鼠标右键，在弹出的快捷菜单中选择"Start WebClient"命令打开"EventLog Analyzer"的管理界面，如图 3-192 所示，输入默认的用户名 admin 和密码 admin 后，单击"登录"按钮。

图 3-192　日志服务器登录页面

步骤 7：在"EventLog Analyzer"管理界面的"主页"下的"仪表盘"选项卡中可以查看日志趋势图表，如图 3-193 所示。

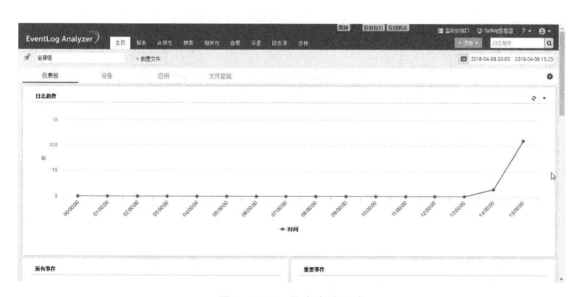

图 3-193　仪表盘选项卡

步骤 8：单击"EventLog Analyzer"管理界面中的"设置"选项卡，如图 3-194 所示，在此页面中可以设置"管理设备""导入日志数据""管理应用源""管理文件完整性监视"等信息。然后单击"管理设备"。

图 3-194 "设置"选项卡

步骤9：在"设备管理"下的"Windows设备"选项卡中可以查看到现在管理的Windows服务器。现在被管理的主机有一台"2011-20141005MV"，也就是安装日志软件的服务器，如图3-195所示，单击"添加设备"按钮。

图 3-195 管理 Windows 设备

步骤10：在"添加设备"对话框中，日志服务器可以扫描到网络中现有的Windows服务器，选择企业中要被管理的服务器"WIN-46TGC575MF"，其IP地址为192.168.222.160，如图3-196所示，然后单击"添加"按钮。

步骤11：在"管理设备"下的"Windows设备"选项卡中可以查看到Windows服务器"WIN-467TGC575MF"已经被添加管理，如图3-197所示，但还需要配置连接服务器"WIN-467TGC575MF"的用户名和密码，单击服务器名"WIN-467TGC575MF"前的"编辑"图标。

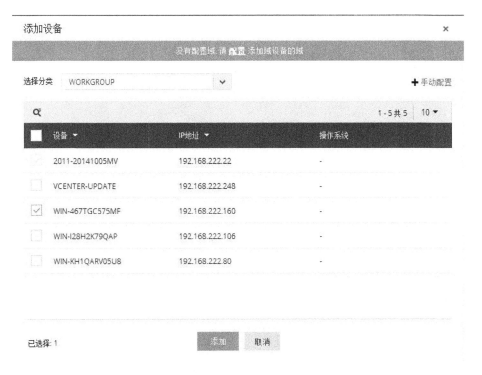

图 3-196　添加服务器

图 3-197　编辑服务器

步骤 12：在"更新设备"对话框中，取消选中"使用工作组凭证"，然后输入服务器"WIN-467TGC575MF"上的管理员账号和密码，并验证登录，验证成功后如图 3-198 所示，然后单击"更新"按钮。

步骤 13：在"管理设备"下的"Windows 设备"选项卡中，鼠标指向 Windows 服务器"WIN-467TGC575MF"，单击"立即扫描"按钮就能立即扫描此服务器的日志记录，如图3-199 所示。

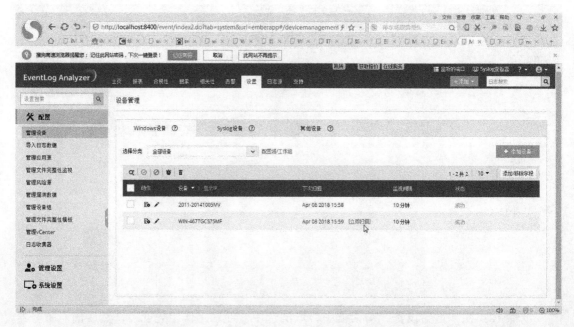

图 3-198　验证登录

图 3-199　立即扫描

步骤 14：单击"主页"下的"设备"选项卡，可以查看到现在被管理的服务器有 3 台，两台为 Windows 服务器，如图 3-200 所示。

步骤 15：鼠标指针指向服务器"2011-20141005MV"对应的事件数 125，变为手形图标，如图 3-201 所示，然后单击总数。

图 3-200　扫描到的设备

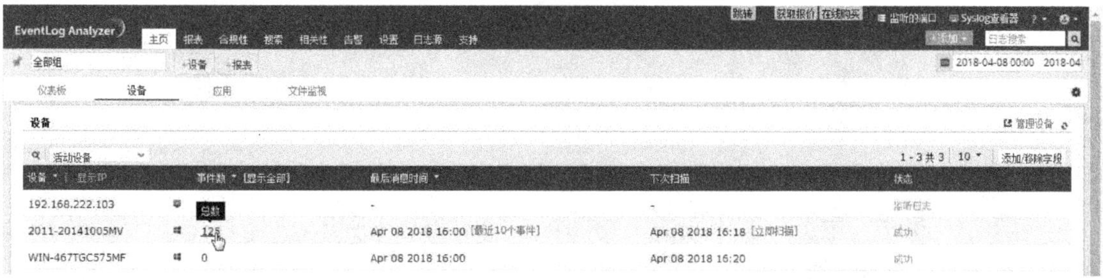

图 3-201　查看日志数量

步骤 16：在打开的"2011-20141005MV 中产生的事件明细"，可以详细查看服务器上产生的事件日志信息，如图 3-202 所示。

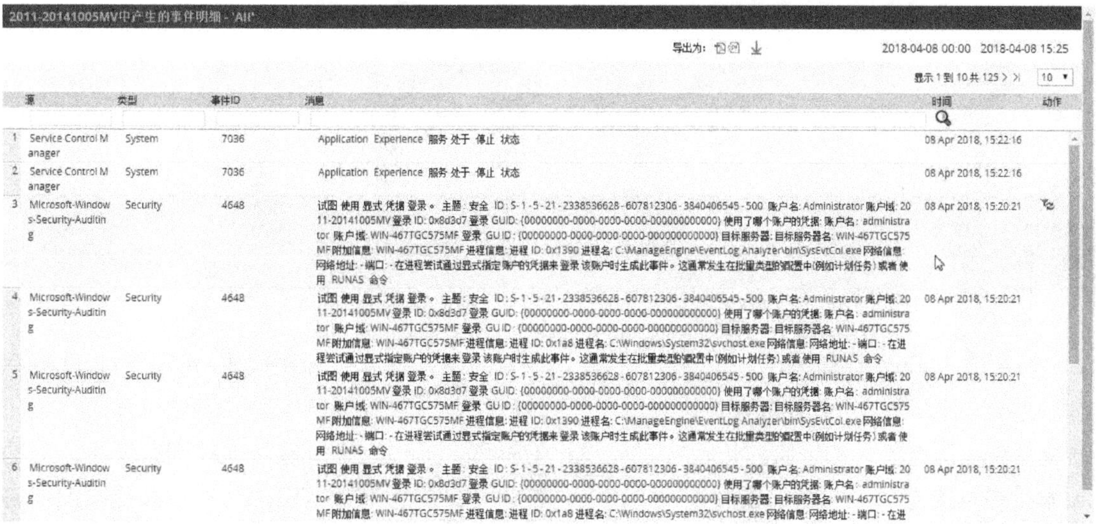

图 3-202　查看日志详细信息

步骤 17：单击"主页"的"仪表盘"选项卡，这样就可以以矩形图的形式来查看事件分类，如图 3-203 所示。

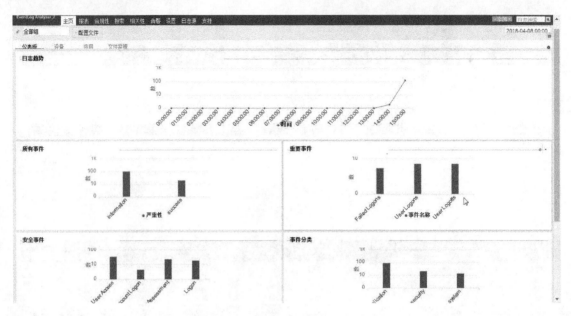

图 3-203　矩形图查看日志数量

步骤 18：单击"主页"右上角的人物图标，如图 3-204 所示，可以更改默认的用户名和密码来保证日志服务器的安全。

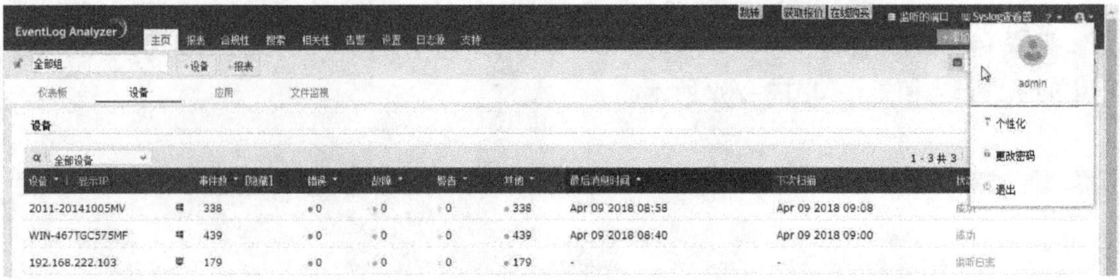

图 3-204　更改用户名和密码

【知识补充】

1. 卓豪 Eventlog Analyzer 简介

卓豪 Eventlog Analyzer 是用来分析和审计系统及事件日志的管理软件，能够对全网范围内的主机、服务器、网络设备、数据库以及各种应用服务系统等产生的日志进行全面收集和细致分析，通过统一的控制台进行实时可视化的呈现。通过定义日志筛选规则和策略，帮助 IT 管理员从海量日志数据中精确查找关键有用的事件数据，准确定位网络故障并提前识别安全威胁，从而降低系统死机时间、提升网络性能、保障企业网络安全。卓豪日志系统具体功能如下：

实时事件关联：预置 70 多种事件关联规则；定位外部威胁、黑客攻击、内部违例；简单灵活定义关联规则。

合规性报表：默认提供 PCI DSS、FISMA、ISO 27001、HIPAA、SOX 及 GLBA 合规性报表。

允许创建自定义合规性报表。

统一日志采集：对不同日志源（包括 Windows 系统、UNIX/Linux 系统、应用程序、路由器、防火墙等）所产生的日志进行收集，实现日志的集中管理和存储。支持解析任意格式、任意来源的日志。使用无代理的方式收集日志，也支持代理方式的日志收集。

文件完整性监控：全面追踪要监视的文件和文件夹所发生的所有变更（如文件或文件夹被创建、访问、查看、修改、重命名），了解谁、什么时间、从哪里、访问 / 修改了什么文件。也可以根据实际情况配置实时告警。

特权用户监控：收集并分析特权用户所做的活动所产生的所有事件。获取特权用户活动的精确信息，如执行了什么活动、活动的结果、影响的服务器、从哪里进行访问的等。

日志搜索：提供强大的日志搜索引擎，可进行基本搜索和高级搜索，从而帮助管理人员从海量的日志数据中检索出所需的信息。可以把日志中的关键元素定义为新的字段，这样，一条日志可以定义多个新的字段，ELA 会针对这些新的字段进行搜索解析，进而产生更详细的日志分析报表。

实时告警：通过邮件或短信通知网络异常，并可以自动运行程序或脚本。预置 500 多种告警规则，提高运维效率。

日志取证分析：深入分析原始日志事件，快速分析问题的根本原因。生成网络取证报表，例如用户活动报表、系统审计报表以及合规性审计报表等。

日志归档：对收集的日志数据（包括从 Windows 系统收集到的 Eventlog 数据、从 Linux/UNIX 及路由器 / 交换机收集到的 Syslog 数据以及其他设备收集的 Syslog 数据）进行自动归档处理，以实现日志数据的长久保存。加密存储日志数据，用于取证分析、性能检测、使用统计等方面。

2. 卓豪 Eventlog Analyzer 添加其他源

（1）添加监控数据库软件

执行"设置"→"配置"→"管理应用源"→"SQL Server"→"添加实例"命令，在弹出的"添加 SQL Server 实例"中不仅要输入安装 SQL Server 服务器的用户名和密码，还要输入 SQL Server 实例名，如图 3–205 所示。

图 3–205　添加 SQL Server 实例

（2）添加监控 vCenter

执行"设置"→"配置"→"管理应用源"→"管理 vCenter"→"添加 vCenter"命令，选择设备类型为"vCenter"，协议选择"Https"，输入设备 IP 地址和端口号，输入服务 URL "https://192.168.222.103:443/sdk"、登录名及密码，如图 3-206 所示，然后单击"保存"按钮。

图 3-206　监控 vCenter

添加"vCenter"后，默认会显示日志没有被监控，如图 3-207 所示，单击"启用设备"按钮。

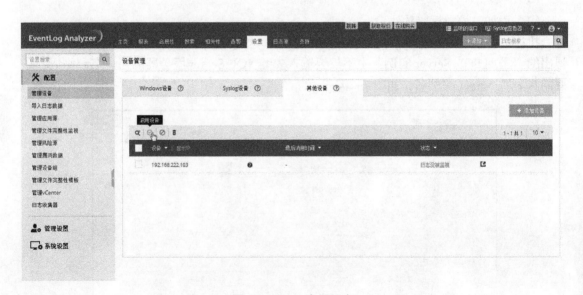

图 3-207　启用设备

启用设备后，就可以显示 vCenter 服务器 192.168.222.103 已经开始监控日志，如图 3-208 所示，查看 vCenter 服务器的事件日志也是在"主页"选项卡下。

图 3-208 监听 vCenter 日志

项目总结

本项目通过 5 个任务对服务器安全性进行了讲述。这 5 个任务包含了服务器基础安全配置的大部分知识。其中通过配置 iSCSI 存储服务器的 Raid 卡配置 Riad0 和 Raid5 实现数据冗余。通过讲述远程管理系统 iMana 远程管理服务器并安装操作系统，可以随时远程访问服务器，并为下一步实现集中控制打好基础。服务器配置防火墙和计算机策略保障了操作系统的接入安全。服务器实施异地备份计划为硬件或环境出现问题时保证数据的安全性。安装并配置日志服务器能集中分析企业面临的安全问题和性能问题。

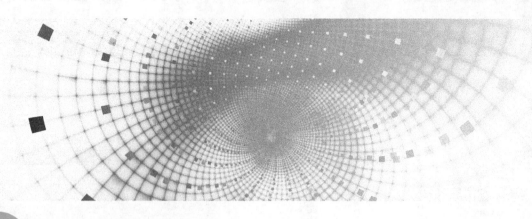

项目4 园区网模块安全实现

项目概述

    某中型网络公司由于业务发展，办公场所更换到一栋更大的办公楼，需要完全更新现有网络设备，确保做好网络安全方面的防护，以适应公司新时期的业务需求，同时在构建网络环境的过程中，需要考虑网络的性能、可靠性、可用性及成本等方面因素，网络工程师老乔接到这个任务，进行了项目分析、项目规划、选择网络设备、实施部署。基于网络规划，设计了如图 4-1 所示的拓扑图，在先连通后控制的指导思想下，制定了项目实施内容和步骤，为项目具体施工奠定了基础。

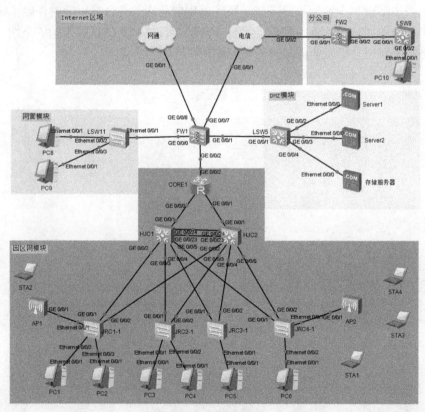

图 4-1 网络拓扑图

本项目分成了 10 个任务，任务 1 进行路由器和交换机的基础配置，任务 2 进行生成树安全配置，任务 3 中使用交换机配置虚拟路由冗余协议，任务 4 中进行路由器和交换机 SSH 安全配置，任务 5 使用交换机进行 DHCP 服务安全配置，任务 6 配置路由器和交换机攻击防范及 ARP 安全，任务 7 对防火墙进行基础配置，任务 8 介绍防火墙配置 NAT 和防火墙策略，任务 9 使用防火墙开启入侵防御功能，任务 10 对防火墙配置 IPSec VPN。

 路由器 / 交换机基础配置

【任务描述】

网络工程师老乔根据项目规划，在各个设备间按照拓扑图连接线缆，构建企业网络，配置各个网络设备中的虚拟局域网、管理 IP 地址、默认网关、链路汇聚等基础信息，并测试网络的连通性。

【任务分析】

网络设备的基础配置是实现各种网络交换和路由功能及安全设置的基础，虚拟局域网技术能缩小网络的广播域，减少未来 ARP 病毒影响的广播域范围；配置各网络设备的管理 IP 地址，能方便管理员从内网的任意位置安全地访问路由器和交换机。汇聚层交换机之间配置链路汇聚能增加网络带宽和实现线路备份。

【任务实施】

规划后按拓扑图 4–1 连接各设备，各设备按表 4–1 设置各端口所属的 VLAN。

表 4–1　交换机端口所属 VLAN

交　换　机	接　　口	接口所属 VLAN 号
HJC1	G0/0/1	ACCESS：VLAN3
	G0/0/2	TRUNK
	G0/0/3	TRUNK
	G0/0/4	TRUNK
	G0/0/5	TRUNK
	G0/0/23	TRUNK
	G0/0/24	TRUNK
HJC2	G0/0/1	ACCESS：VLAN2
	G0/0/2	TRUNK
	G0/0/3	TRUNK
	G0/0/4	TRUNK
	G0/0/5	TRUNK
	G0/0/23	TRUNK
	G0/0/24	TRUNK

（续）

交 换 机	接 口	接口所属 VLAN 号
JRC1-1	G0/0/1	TRUNK
	G0/0/2	TRUNK
	E0/0/1-10	ACCESS：VLAN4
	E0/0/11-20	ACCESS：VLAN5
	E0/0/21-22	ACCESS：VLAN6
JRC2-1	G0/0/1	TRUNK
	G0/0/2	TRUNK
	E0/0/1-10	ACCESS：VLAN4
	E0/0/11-20	ACCESS：VLAN5
	E0/0/21-22	ACCESS：VLAN6
JRC3-1	G0/0/1	TRUNK
	G0/0/2	TRUNK
	E0/0/1-10	ACCESS：VLAN4
	E0/0/11-20	ACCESS：VLAN5
	E0/0/21-22	ACCESS：VLAN6
JRC4-1	G0/0/1	TRUNK
	G0/0/2	TRUNK
	E0/0/1-10	ACCESS：VLAN4
	E0/0/11-20	ACCESS：VLAN5
	E0/0/21-22	ACCESS：VLAN6

各交换机和路由器 IP 地址见表 4-2。

表 4-2　路由 / 交换 IP 地址规划

设 备	接 口	IP 地址	备 注
FW1	G0/0/0	192.168.0.1/24	连接网管模块
	G0/0/1	192.168.200.1/24	连接 DMZ 模块
	G0/0/2	192.168.100.1/24	连接网管模块
	G0/0/7	100.0.0.2/24	连接电信线路
	G0/0/8	200.0.0.2/24	连接网通线路
FW2	G0/0/1	100.0.0.3/24	连接电信线路
	G0/0/2	172.16.0.1	连接分公司内网
CoreRouter1	G0/0/0	192.168.1.1/24	连接 HJC1 端口 G0/0/1
	G0/0/1	192.168.2.1/24	连接 HJC2 端口 G0/0/1
	G0/0/2	192.168.100.2/24	上行连接 FW1 端口 G0/0/2
HJC1	VLAN1	192.168.254.1	管理 IP 地址
	VLAN3	192.168.1.2	接口 VLAN3 的 IP 地址
	VLAN4	192.168.4.1	接口 VLAN4 的 IP 地址
	VLAN5	192.168.5.1	接口 VLAN5 的 IP 地址
	VLAN6	192.168.6.1	接口 VLAN6 的 IP 地址

（续）

设　　备	接　　口	IP 地址	备　　注
	VLAN1	192.168.254.2	管理 IP 地址
	VLAN2	192.168.2.2	接口 VLAN2 的 IP 地址
HJC2	VLAN4	192.168.4.2	接口 VLAN4 的 IP 地址
	VLAN5	192.168.5.2	接口 VLAN5 的 IP 地址
	VLAN6	192.168.6.2	接口 VLAN6 的 IP 地址
JRC1-1	VLAN1	192.168.254.10	管理 IP 地址
JRC2-1	VLAN1	192.168.254.20	管理 IP 地址
JRC3-1	VLAN1	192.168.254.30	管理 IP 地址
JRC4-1	VLAN1	192.168.254.40	管理 IP 地址

按照拓扑图连接好设备后，配置网络的过程遵循先边缘、后汇聚、再核心的流程（也可以先核心、再汇聚，最后边缘），逐个配置交换机。

温馨提示

为了保证以后方便管理各位置网络设备，通常需要为设备统一命名。本项目采用以下命名方法：AAB-C。

AA：表示该设备所属的级别和名称，通常的规则是取汉字拼音的首字母缩写。

B：表示设备所在楼层。

C：表示设备属于所在楼层第几台设备等。

例如，接入层第一台交换机命名：JRC1-1。

1. 接入层交换机 JRC1-1 的基础配置

接入层交换机 JRC1-1 进行如下配置，设置交换机名称为 JRC1-1，配置接口 GigabitEthernet 0/0/1 和 GigabitEthernet 0/0/2 为 TRUNK 端口；接口 Ethernet 0/0/1 到 Ethernet 0/0/10 加入 vlan4、接口 Ethernet 0/0/11 到 Ethernet 0/0/20 加入 vlan5、接口 Ethernet 0/0/21 到 Ethernet 0/0/22 加入 vlan6；设置接口 vlan1 的 IP 地址为 192.168.254.10、设置默认路由指向网关 192.168.254.254。

设置交换机名称为 JRC1-1：

```
[Huawei]sysname JRC1-1
```

一次批量建立 vlan4 到 vlan6：

```
[JRC1-1]vlan batch 4 to 6
```

接口 GigabitEthernet 0/0/1 和 GigabitEthernet 0/0/2 设置为 TRUNK 端口，并且允许所有 VLAN 数据通过：

```
[JRC1-1]interface GigabitEthernet 0/0/1
[JRC1-1-GigabitEthernet0/0/1]port link-type trunk
[JRC1-1-GigabitEthernet0/0/1]port trunk allow-pass vlan all
[JRC1-1]interface GigabitEthernet 0/0/2
[JRC1-1-GigabitEthernet0/0/2]port link-type trunk
[JRC1-1-GigabitEthernet0/0/2]port trunk allow-pass vlan all
```

接口 Ethernet 0/0/1 到 Ethernet 0/0/10 加入 vlan4：

[JRC1-1]interface Ethernet 0/0/1

[JRC1-1-Ethernet0/0/1]port link-type access

[JRC1-1-Ethernet0/0/1]port default vlan 4

[JRC1-1-Ethernet0/0/1]quit

接口 Ethernet 0/0/11 到 Ethernet 0/0/20 加入 vlan5：

[JRC1-1]interface Ethernet0/0/11

[JRC1-1-Ethernet0/0/11]port link-type access

[JRC1-1-Ethernet0/0/11]port default vlan 5

[JRC1-1-Ethernet0/0/11]quit

接口 Ethernet 0/0/21 到 Ethernet 0/0/22 加入 vlan6：

[JRC1-1]interface Ethernet0/0/21

[JRC1-1-Ethernet0/0/21]port link-type access

[JRC1-1-Ethernet0/0/21]port default vlan 6

设置接口 vlan1 的 IP 地址为 192.168.254.10：

[JRC1-1]interface vlan 1

[JRC1-1-Vlanif1]ip address 192.168.254.10 24

[JRC1-1-Vlanif1]quit

设置默认路由指向网关 192.168.254.254：

[JRC1-1]ip route-static 0.0.0.0 0.0.0.0 192.168.254.254

通过命令 display vlan 显示 vlan 信息。

<JRC1-1>display vlan

The total number of vlans is : 4

U: Up;	D: Down;	TG: Tagged;	UT: Untagged;
MP: Vlan-mapping;		ST: Vlan-stacking;	
#: ProtocolTransparent-vlan;		*: Management-vlan;	

VID	Type	Ports			
1	common	UT:GE0/0/1(U)	GE0/0/2(U)		
4	common	UT:Eth0/0/1(U)	Eth0/0/2(U)	Eth0/0/3(U)	Eth0/0/4(D)	Eth0/0/5(D)
Eth0/0/6(D)		Eth0/0/7(D)	Eth0/0/8(D)	Eth0/0/9(D)	Eth0/0/10(D)
		TG:GE0/0/1(U)	GE0/0/2(U)		
5	common	UT:Eth0/0/11(D)	Eth0/0/12(D)	Eth0/0/13(D)	Eth0/0/14(D)	Eth0/0/15(D)
Eth0/0/16(D)		Eth0/0/17(D)	Eth0/0/18(D)	Eth0/0/19(D)	Eth0/0/20(D)
		TG:GE0/0/1(U)	GE0/0/2(U)		
6	common	UT:Eth0/0/21(D)	Eth0/0/22(D)		
		TG:GE0/0/1(U)	GE0/0/2(U)		

VID	Status	Property	MAC-LRN	Statistics	Description
1	enable	default	enable	disable	VLAN 0001
4	enable	default	enable	disable	VLAN 0004
5	enable	default	enable	disable	VLAN 0005
6	enable	default	enable	disable	VLAN 0006

上述信息中可以看到有 4 个 VLAN，分别为 vlan1、4、5 和 6。其中参数 UT 为 untagged frame（不带标签数据帧），TG 为带标签数据帧，GE0/0/1 为第一个千兆接口，U 代表为启动状态。以 vlan6 为例，vlan6 中有 4 个端口 Eth0/0/21、Eth0/0/22、GE0/0/1 和 GE0/0/2，其

中 Eth0/0/21 和 Eth0/0/22 发送和接收不带标签的数据帧，GE0/0/1 和 GE0/0/2 发送带有 vlan6 标签的数据帧。还可以看到 TRUNK 端口 GE0/0/1 和 GE0/0/2，在传输 vlan1 的数据时不打标签，传输 vlan4、vlan5 和 vlan6 的数据时打标签。

2. 交换机 JRC2-1 的基础配置

接入层交换机 JRC2-1 进行如下配置，设置交换机名称为 JRC2-1，配置接口 GigabitEthernet 0/0/1 和 GigabitEthernet 0/0/2 为 TRUNK 端口；接口 Ethernet 0/0/1 到 Ethernet 0/0/10 加入 vlan4、接口 Ethernet 0/0/11 到 Ethernet 0/0/20 加入 vlan5、接口 Ethernet 0/0/21 到 Ethernet 0/0/22 加入 vlan6；设置接口 vlan1 的 IP 地址为 192.168.254.20、设置默认路由指向网关 192.168.254.254。

[Huawei]sysname JRC2-1

建立 vlan4 到 vlan6：

[JRC2-1]vlan batch 4 to 6

接口 GigabitEthernet 0/0/1 和 GigabitEthernet 0/0/2 设置为 TRUNK 端口，并允许所有 VLAN 数据通过：

[JRC2-1]interface GigabitEthernet 0/0/1
[JRC2-1-GigabitEthernet0/0/1]port link-type trunk
[JRC2-1-GigabitEthernet0/0/1]port trunk allow-pass vlan all
[JRC2-1]interface GigabitEthernet 0/0/2
[JRC2-1-GigabitEthernet0/0/2]port link-type trunk
[JRC2-1-GigabitEthernet0/0/2]port trunk allow-pass vlan all

接口 Ethernet 0/0/1 到 Ethernet 0/0/10 加入 vlan4：

[JRC2-1]interface Ethernet 0/0/1
[JRC2-1-Ethernet0/0/1]port link-type access
[JRC2-1-Ethernet0/0/1]port default vlan 4
[JRC2-1-Ethernet0/0/1]quit

接口 Ethernet 0/0/11 到 Ethernet 0/0/20 加入 vlan5：

[JRC2-1]interface Ethernet0/0/11
[JRC2-1-Ethernet0/0/11]port link-type access
[JRC2-1-Ethernet0/0/11]port default vlan 5
[JRC2-1-Ethernet0/0/11]quit

接口 Ethernet 0/0/21 到 Ethernet 0/0/22 加入 vlan6：

[JRC2-1]interface Ethernet0/0/21
[JRC2-1-Ethernet0/0/21]port link-type access
[JRC2-1-Ethernet0/0/21]port default vlan 6

设置接口 vlan1 的 IP 地址为 192.168.254.20：

[JRC2-1]interface vlan 1
[JRC2-1-Vlanif1]ip address 192.168.254.20 24
[JRC2-1-Vlanif1]quit

设置默认路由指向网关 192.168.254.254：

[JRC2-1]ip route-static 0.0.0.0 0.0.0.0 192.168.254.254

3. 交换机 JRC3-1 的基础配置

接入层交换机 JRC3-1 进行如下配置，设置交换机名称为 JRC3-1，配置接口 GigabitEthernet 0/0/1 和 GigabitEthernet 0/0/2 为 TRUNK 端口；接口 Ethernet 0/0/1 到 Ethernet

0/0/10 加入 vlan4、接口 Ethernet 0/0/11 到 Ethernet 0/0/20 加入 vlan5、接口 Ethernet 0/0/21 到 Ethernet 0/0/22 加入 vlan6；设置接口 vlan1 的 IP 地址为 192.168.254.30、设置默认路由指向网关 192.168.254.254。

设置交换机名称为 JRC3-1：

[Huawei]sysname JRC3-1

建立 vlan4 到 vlan6：

[JRC3-1]vlan batch 4 to 6

接口 GigabitEthernet 0/0/1 和 GigabitEthernet 0/0/2 设置为 TRUNK 端口，并允许所有 VLAN 数据通过：

[JRC3-1]interface GigabitEthernet 0/0/1

[JRC3-1-GigabitEthernet0/0/1]port link-type trunk

[JRC3-1-GigabitEthernet0/0/1]port trunk allow-pass vlan all

[JRC3-1]interface GigabitEthernet 0/0/2

[JRC3-1-GigabitEthernet0/0/2]port link-type trunk

[JRC3-1-GigabitEthernet0/0/2]port trunk allow-pass vlan all

接口 Ethernet 0/0/1 到 Ethernet 0/0/10 加入 vlan4：

[JRC3-1]interface Ethernet 0/0/1

[JRC3-1-Ethernet0/0/1]port link-type access

[JRC3-1-Ethernet0/0/1]port default vlan 4

[JRC3-1-Ethernet0/0/1]quit

接口 Ethernet 0/0/11 到 Ethernet 0/0/20 加入 vlan5：

[JRC3-1]interface Ethernet0/0/11

[JRC3-1-Ethernet0/0/11]port link-type access

[JRC3-1-Ethernet0/0/11]port default vlan 5

[JRC3-1-Ethernet0/0/11]quit

接口 Ethernet 0/0/21 到 Ethernet 0/0/22 加入 vlan6：

[JRC3-1]interface Ethernet0/0/21

[JRC3-1-Ethernet0/0/21]port link-type access

[JRC3-1-Ethernet0/0/21]port default vlan 6

设置接口 vlan1 的 IP 地址为 192.168.254.10：

[JRC3-1]interface vlan 1

[JRC3-1-Vlanif1]ip address 192.168.254.30 24

[JRC3-1-Vlanif1]quit

设置默认路由指向网关 192.168.254.254：

[JRC3-1]ip route-static 0.0.0.0 0.0.0.0 192.168.254.254

4. 交换机 JRC4-1 的基础配置

接入层交换机 JRC4-1 进行如下配置，设置交换机名称为 JRC4-1，配置接口 GigabitEthernet 0/0/1 和 GigabitEthernet 0/0/2 为 TRUNK 端口；接口 Ethernet 0/0/1 到 Ethernet 0/0/10 加入 vlan4、接口 Ethernet 0/0/11 到 Ethernet 0/0/20 加入 vlan5、接口 Ethernet 0/0/21 到 Ethernet 0/0/22 加入 vlan6；设置接口 vlan1 的 IP 地址为 192.168.254.40、设置默认路由指向网关 192.168.254.254。

设置交换机名称为 JRC4-1：

[Huawei]sysname JRC4-1

建立 vlan4 到 vlan6：

[JRC4-1]vlan batch 4 to 6

接口 GigabitEthernet 0/0/1 和 GigabitEthernet 0/0/2 设置为 TRUNK 端口，并允许所有
VLAN 数据通过：

[JRC4-1]interface GigabitEthernet 0/0/1

[JRC4-1-GigabitEthernet0/0/1]port link-type trunk

[JRC4-1-GigabitEthernet0/0/1]port trunk allow-pass vlan all

[JRC4-1]interface GigabitEthernet 0/0/2

[JRC4-1-GigabitEthernet0/0/2]port link-type trunk

[JRC4-1-GigabitEthernet0/0/2]port trunk allow-pass vlan all

接口 Ethernet 0/0/1 到 Ethernet 0/0/10 加入 vlan4：

[JRC4-1]interface Ethernet 0/0/1

[JRC4-1-Ethernet0/0/1]port link-type access

[JRC4-1-Ethernet0/0/1]port default vlan 4

[JRC4-1-Ethernet0/0/1]quit

接口 Ethernet 0/0/11 到 Ethernet 0/0/20 加入 vlan5：

[JRC4-1]interface Ethernet0/0/11

[JRC4-1-Ethernet0/0/11]port link-type access

[JRC4-1-Ethernet0/0/11]port default vlan 5

[JRC4-1-Ethernet0/0/11]quit

接口 Ethernet 0/0/21 到 Ethernet 0/0/22 加入 vlan6：

[JRC4-1]interface Ethernet0/0/21

[JRC4-1-Ethernet0/0/21]port link-type access

[JRC4-1-Ethernet0/0/21]port default vlan 6

设置接口 vlan1 的 IP 地址为 192.168.254.10：

[JRC4-1]interface vlanif 1

[JRC4-1-Vlanif1]ip address 192.168.254.10 24

[JRC4-1-Vlanif1]quit

设置默认路由指向网关 192.168.254.254：

[JRC4-1]ip route-static 0.0.0.0 0.0.0.0 192.168.254.254

5. 汇聚层交换机 HJC1 的基础配置

汇聚层交换机 HJC1 进行如下配置，设置交换机名称为 HJC1，批量建立 vlan3 到
vlan6，配置接口 GigabitEthernet 0/0/1 为 access 接口，加入 vlan3；配置 GigabitEthernet 0/0/2
到 GigabitEthernet 0/0/5 为 TRUNK 端口，允许所有 vlan 数据通过；设置接口 vlan1 的 IP
地址为 192.168.254.1，设置接口 vlan3 的 IP 地址为 192.168.1.2，设置接口 vlan4 的 IP 地
址为 192.168.4.1，设置接口 vlan5 的 IP 地址为 192.168.5.1，设置接口 vlan6 的 IP 地址为
192.168.6.1。

<Huawei>system

Enter system view, return user view with Ctrl+Z.

设置交换机名称为 HJC1：

[Huawei]sysname HJC1

批量建立 vlan3 到 vlan6：

[HJC1]vlan batch 3 to 6

配置接口 GigabitEthernet 0/0/1 为 access 接口，加入 vlan3：

[HJC1]interface GigabitEtherne0/0/1

[HJC1–GigabitEthernet0/0/1]port link–type access

[HJC1–GigabitEthernet0/0/1]port default vlan 3

[HJC1–GigabitEthernet0/0/1]quit

配置 GigabitEthernet 0/0/2 到 GigabitEthernet 0/0/5 为 TRUNK 端口：

[HJC1]interface GigabitEthernet 0/0/2

[HJC1–GigabitEthernet0/0/2]port link–type trunk

[HJC1–GigabitEthernet0/0/2]port trunk allow–pass vlan all

[HJC1–GigabitEthernet0/0/2]quit

[HJC1]interface GigabitEthernet 0/0/3

[HJC1–GigabitEthernet0/0/3]port link–type trunk

[HJC1–GigabitEthernet0/0/3]port trunk allow–pass vlan all

[HJC1–GigabitEthernet0/0/3]quit

[HJC1]interface GigabitEthernet 0/0/4

[HJC1–GigabitEthernet0/0/4]port link–type trunk

[HJC1–GigabitEthernet0/0/4]port trunk allow–pass vlan all

[HJC1–GigabitEthernet0/0/4]quit

[HJC1]interface GigabitEthernet 0/0/5

[HJC1–GigabitEthernet0/0/5]port link–type trunk

[HJC1–GigabitEthernet0/0/5]port trunk allow–pass vlan all

[HJC1–GigabitEthernet0/0/5]quit

设置接口 vlan1 的 IP 地址为 192.168.254.1：

[HJC1]interface vlanif 1

[HJC1–Vlanif1]ip address 192.168.254.1 24

[HJC1–Vlanif1]quit

设置接口 vlan3 的 IP 地址为 192.168.1.2

[HJC1]interface vlanif 3

[HJC1–Vlanif3]ip address 192.168.1.2 24

[HJC1–Vlanif3]quit

设置接口 vlan4 的 IP 地址为 192.168.4.1：

[HJC1]interface vlanif 4

[HJC1–Vlanif3]ip address 192.168.4.1 24

[HJC1–Vlanif3]quit

设置接口 vlan5 的 IP 地址为 192.168.5.1：

[HJC1]interface vlanif 5

[HJC1–Vlanif3]ip address 192.168.5.1 24

[HJC1–Vlanif3]quit

设置接口 vlan6 的 IP 地址为 192.168.6.1：

[HJC1]interface vlanif 6

[HJC1–Vlanif3]ip address 192.168.6.1 24

[HJC1–Vlanif3]quit

6. 交换机 HJC2 的基础配置

汇聚层交换机 HJC1 进行如下配置，设置交换机名称为 HJC2，批量建立 vlan2 到 vlan6，配置接口 GigabitEthernet 0/0/1 为 access 接口，加入 vlan2；配置 GigabitEthernet 0/0/2 到 GigabitEthernet 0/0/5 为 TRUNK 端口，允许所有 vlan 数据通过；设置接口 vlan1 的 IP

地址为 192.168.254.2，设置接口 vlan2 的 IP 地址为 192.168.2.2，设置接口 vlan4 的 IP 地址为 192.168.4.2，设置接口 vlan5 的 IP 地址为 192.168.5.2，设置接口 vlan6 的 IP 地址为 192.168.6.2。

设置交换机名称为 HJC2：

[Huawei]sysname HJC2

批量建立 vlan2 到 vlan6：

[HJC2]vlan batch 2 to 6

配置接口 GigabitEthernet 0/0/1 为 access 接口，加入 vlan2：

[HJC2]interface GigabitEtherne0/0/1

[HJC2–GigabitEthernet0/0/1]port link–type access

[HJC2–GigabitEthernet0/0/1]port default vlan 3

[HJC2–GigabitEthernet0/0/1]quit

配置 GigabitEthernet 0/0/2 到 GigabitEthernet 0/0/5 为 TRUNK 端口，允许所有 vlan 数据通过：

[HJC2]interface GigabitEthernet 0/0/2

[HJC2–GigabitEthernet0/0/2]port link–type trunk

[HJC2–GigabitEthernet0/0/2]port trunk allow–pass vlan all

[HJC2–GigabitEthernet0/0/2]quit

[HJC2]interface GigabitEthernet 0/0/3

[HJC2–GigabitEthernet0/0/3]port link–type trunk

[HJC2–GigabitEthernet0/0/3]port trunk allow–pass vlan all

[HJC2–GigabitEthernet0/0/3]quit

[HJC2]interface GigabitEthernet 0/0/4

[HJC2–GigabitEthernet0/0/4]port link–type trunk

[HJC2–GigabitEthernet0/0/4]port trunk allow–pass vlan all

[HJC2–GigabitEthernet0/0/4]quit

[HJC2]interface GigabitEthernet 0/0/5

[HJC2–GigabitEthernet0/0/5]port link–type trunk

[HJC2–GigabitEthernet0/0/5]port trunk allow–pass vlan all

[HJC2–GigabitEthernet0/0/5]quit

设置接口 vlan1 的 IP 地址为 192.168.254.2：

[HJC2]interface vlanif 1

[HJC2–Vlanif1]ip address 192.168.254.2 24

[HJC2–Vlanif1]quit

设置接口 vlan2 的 IP 地址为 192.168.2.2：

[HJC2]interface vlanif 2

[HJC2–Vlanif2]ip address 192.168.2.2 24

[HJC2–Vlanif2]quit

设置接口 vlan4 的 IP 地址为 192.168.4.2：

[HJC2]interface vlanif 4

[HJC2–Vlanif4]ip address 192.168.4.2 24

[HJC2–Vlanif4]quit

设置接口 vlan5 的 IP 地址为 192.168.5.2：

[HJC2]interface vlanif 5

[HJC2–Vlanif5]ip address 192.168.5.2 24

[HJC2–Vlanif5]quit

设置接口 vlan6 的 IP 地址为 192.168.6.2:

[HJC2]interface vlanif 6

[HJC2–Vlanif6]ip address 192.168.6.2 24

[HJC2–Vlanif6]quit

7. 路由器 CORE1

配置路由器 CORE1 名为 CORE1，配置接口 GigabitEthernet0/0/0 的 IP 地址为 192.168.1.1；配置接口 GigabitEthernet0/0/1 的 IP 地址为 192.168.2.1；配置接口 GigabitEthernet0/0/2 的 IP 地址为 192.168.100.2。

配置路由器 CORE1 名为 CORE1：

[Huawei]sysname CORE1

配置接口 GigabitEthernet0/0/0 的 IP 地址为 192.168.1.1：

[CORE1]interface g0/0/0

[CORE1–GigabitEthernet0/0/0]ip address 192.168.1.1 24

配置接口 GigabitEthernet0/0/1 的 IP 地址为 192.168.2.1：

[CORE1–GigabitEthernet0/0/0]interface g0/0/1

[CORE1–GigabitEthernet0/0/1]ip address 192.168.2.1 24

配置接口 GigabitEthernet0/0/2 的 IP 地址为 192.168.100.2：

[CORE1–GigabitEthernet0/0/1]interface g0/0/2

[CORE1–GigabitEthernet0/0/2]ip address 192.168.100.2 24

[CORE1–GigabitEthernet0/0/2]quit

8. 交换机 HJC1 和 HJC2 之间的链路创建链路汇聚

链路汇聚的配置步骤如下：分别在交换机 HJC1 和 HJC2 建立链路汇聚组 1，启用源 IP 地址 + 目的 IP 地址的负载均衡模式；把链路汇聚组 1 设置为 TRUNK 端口，允许所有 VLAN 数据通过；把接口 GigabitEthernet 0/0/23 和 GigabitEthernet 0/0/24 加入到汇聚组 1。

交换机 HJC1 建立汇聚组 1：

[HJC1]interface Eth–Trunk 1

设置负载均衡模式为源 IP 地址 + 目的 IP 地址：

[HJC1–Eth–Trunk1]load–balance src–dst–ip

把链路汇聚组 1 设置为 TRUNK 端口，允许所有 VLAN 数据通过：

[HJC1–Eth–Trunk1]port link–type trunk

[HJC1–Eth–Trunk1]port trunk allow–pass vlan all

接口 GigabitEthernet 0/0/23 和 GigabitEthernet 0/0/24 加入到汇聚组 1：

[HJC1]interface GigabitEthernet 0/0/23

[HJC1–GigabitEthernet0/0/23]eth–trunk 1

[HJC1]interface GigabitEthernet 0/0/24

[HJC1–GigabitEthernet0/0/24]eth–trunk 1

交换机 HJC2 建立汇聚组 1：

[HJC2]interface Eth–Trunk 1

设置负载均衡模式为源 IP 地址 + 目的 IP 地址：

[HJC2–Eth–Trunk1]load–balance src–dst–ip

把链路汇聚组 1 设置为 TRUNK 端口，允许所有 VLAN 数据通过：

[HJC2–Eth–Trunk1]port link–type trunk

[HJC2-Eth-Trunk1]port trunk allow-pass vlan all

接口 GigabitEthernet 0/0/23 和 GigabitEthernet 0/0/24 加入到汇聚组 1：

[HJC2]interface GigabitEthernet 0/0/23

[HJC2-GigabitEthernet0/0/23]eth-trunk 1

[HJC2]interface GigabitEthernet 0/0/24

[HJC2-GigabitEthernet0/0/24]eth-trunk 1

配置完成后在交换机 HJC2 可以通过命令 display eth-trunk 1 查看汇聚组 1 的状态：

[HJC2]display eth-trunk 1

Eth-Trunk1's state information is:

WorkingMode: NORMAL　　　Hash arithmetic: According to SIP-XOR-DIP

Least Active-linknumber: 1　　Max Bandwidth-affected-linknumber: 8

Operate status: up　　　　　Number Of Up Port In Trunk: 2

_____

PortName　　　　　　　　Status　　　　Weight

GigabitEthernet0/0/23　　　Up　　　　　1

GigabitEthernet0/0/24　　　Up　　　　　1

从上面的配置信息中可以看到汇聚组 Eth-Trunk1 的状态显示为正常；负载均衡模式为
SIP-XOR-DIP，即源 IP 地址 + 目的 IP 地址；汇聚组内有两个接口，分别为 GigabitEthernet
0/0/23 和 GigabitEthernet 0/0/24，这两个接口在汇聚组内的状态为 UP。

交换机 HJC2 通过命令 display vlan 查看 vlan 信息：

[HJC2]display vlan

The total number of vlans is : 5

_____

U: Up;　　　　　D: Down;　　　　TG: Tagged;　　　　UT: Untagged;

MP: Vlan-mapping;　　　　　　ST: Vlan-stacking;

#: ProtocolTransparent-vlan;　　　*: Management-vlan;

_____

VID　Type　　Ports

_____

1　　common　UT:GE0/0/2(U)　　　GE0/0/3(U)　　　GE0/0/4(U)　　　GE0/0/5(U)

GE0/0/6(D)　　　　GE0/0/7(D)　　　GE0/0/8(D)　　　GE0/0/9(D)

GE0/0/10(D)　　GE0/0/11(D)　　　GE0/0/12(D)　　　GE0/0/13(D)　　　GE0/0/14(D)

GE0/0/15(D)　　GE0/0/16(D)　　　GE0/0/17(D)　　　GE0/0/18(D)　　　GE0/0/19(D)

GE0/0/20(D)　　GE0/0/21(D)

GE0/0/22(D)　　Eth-Trunk1(U)

2　　common　UT:GE0/0/1(U)

　　　　　　　　　TG:GE0/0/2(U)　　　GE0/0/3(U)　　　GE0/0/4(U)　　　GE0/0/5(U)

Eth-Trunk1(U)

4　　common　TG:GE0/0/2(U)　　　GE0/0/3(U)　　　GE0/0/4(U)　　　GE0/0/5(U)

Eth-Trunk1(U)

5　　common　TG:GE0/0/2(U)　　　GE0/0/3(U)　　　GE0/0/4(U)　　　GE0/0/5(U)

Eth-Trunk1(U)

6　　common　TG:GE0/0/2(U)　　　GE0/0/3(U)　　　GE0/0/4(U)　　　GE0/0/5(U)

Eth-Trunk1(U)

VID　Status　Property　　　MAC-LRN Statistics Description

_____

1　　enable　default　　　enable　disable　　　VLAN 0001

2　　enable　default　　　enable　disable　　　VLAN 0002

4	enable	default	enable	disable	VLAN 0004
5	enable	default	enable	disable	VLAN 0005
6	enable	default	enable	disable	VLAN 0006

从上面的配置信息中没有显示端口 GigabitEthernet 0/0/23 和 GigabitEthernet 0/0/24 所属的 VLAN，但逻辑接口 Eth-Trunk1 允许 vlan1、vlan2、vlan4、vlan5 和 vlan6 的数据通过，vlan1 的数据不打标签，其他 vlan 数据打标签。

9. 设备配置文件

交换机 JRC1 配置文件示例：

通过命令 display current-configuration 显示交换机当前的配置文件。

```
<JRC1-1>display current-configuration
#
sysname JRC1-1
#
vlan batch 4 to 6
#
aaa
 authentication-scheme default
 authorization-scheme default
 accounting-scheme default
 domain default
 domain default_admin
 local-user admin password simple admin
 local-user admin service-type http
#
interface vlanif 1
 ip address 192.168.254.10 255.255.255.0
#
interface MEth0/0/1
#
interface Ethernet0/0/1
 port link-type access
 port default vlan 4
#
interface Ethernet0/0/2
 port link-type access
 port default vlan 4
#
```
接口 Ethernet0/0/3 至 Ethernet0/0/9 与 Ethernet0/0/1 配置相同，篇幅限制略过。
```
interface Ethernet0/0/10
 port link-type access
 port default vlan 4
#
interface Ethernet0/0/11
 port link-type access
 port default vlan 5
```
接口 Ethernet0/0/12 至 Ethernet0/0/19 与 Ethernet0/0/11 配置相同，篇幅限制略过。
```
interface Ethernet0/0/20
 port link-type access
```

```
 port default vlan 5
#
interface Ethernet0/0/21
 port link-type access
 port default vlan 6
#
interface Ethernet0/0/22
 port link-type access
 port default vlan 6
#
interface GigabitEthernet0/0/1
 port link-type trunk
 port trunk allow-pass vlan 2 to 4094
#
interface GigabitEthernet0/0/2
#
interface NULL0
#
ip route-static 0.0.0.0 0.0.0.0 192.168.254.254
#
user-interface con 0
user-interface vty 0 4
#
```

可以看到交换机 JRC1 已经配置接口 Ethernet0/0/1 到 Ethernet0/0/10 加入 vlan4，接口 Ethernet0/0/11 至 Ethernet0/0/20 加入 vlan5，接口 Ethernet0/0/21 至 Ethernet0/0/22 加入 vlan6；已配置接口 GigabitEthernet0/0/1 和 GigabitEthernet0/0/2 为 TRUNK 端口；vlan1 的 IP 地址设置为 192.168.254.10，默认网关设置为 192.168.254.254。

交换机 HJC1 配置文件示例：

```
<HJC1>display current-configuration
#
sysname HJC1
#
vlan batch 3 to 6
#
aaa
 authentication-scheme default
 authorization-scheme default
 accounting-scheme default
 domain default
 domain default_admin
 local-user admin password simple admin
 local-user admin service-type http
#
interface vlanif 1
 ip address 192.168.254.1 255.255.255.0
#
interface vlanif 3
 ip address 192.168.1.2 255.255.255.0
```

```
#
interface vlanif 4
 ip address 192.168.4.1 255.255.255.0
#
interface vlanif 5
 ip address 192.168.5.1 255.255.255.0
#
interface vlanif 6
 ip address 192.168.6.1 255.255.255.0
#
interface MEth0/0/1
#
interface Eth-Trunk1
 port link-type trunk
 port trunk allow-pass vlan 2 to 4094
#
interface GigabitEthernet0/0/1
 port link-type access
 port default vlan 3
#
interface GigabitEthernet0/0/2
 port link-type trunk
 port trunk allow-pass vlan 2 to 4094
#
interface GigabitEthernet0/0/3
 port link-type trunk
 port trunk allow-pass vlan 2 to 4094
#
interface GigabitEthernet0/0/4
 port link-type trunk
 port trunk allow-pass vlan 2 to 4094
#
interface GigabitEthernet0/0/5
 port link-type trunk
 port trunk allow-pass vlan 2 to 4094
#
interface GigabitEthernet0/0/6
#
```

接口 GigabitEthernet0/0/7 至 GigabitEthernet0/0/21 略。

```
interface GigabitEthernet0/0/22
#
interface GigabitEthernet0/0/23
 eth-trunk 1
#
interface GigabitEthernet0/0/24
 eth-trunk 1
#
interface NULL0
```

```
#
user-interface con 0
user-interface vty 0 4
#
return
```

通过当前的配置文件，可以查看到交换机 HJC1 的如下配置，交换机名称为 HJC1，建立了 vlan3 到 vlan6，接口 GigabitEthernet 0/0/1 为 ACCESS 接口，属于 vlan3；接口 GigabitEthernet 0/0/2 到 GigabitEthernet 0/0/5 为 TRUNK 端口，允许所有 vlan 数据通过；接口 vlan1 的 IP 地址为 192.168.254.1，接口 vlan3 的 IP 地址为 192.168.1.2，接口 vlan4 的 IP 地址为 192.168.4.1，接口 vlan5 的 IP 地址为 192.168.5.1，接口 vlan6 的 IP 地址为 192.168.6.1。接口 GigabitEthernet0/0/23 和 GigabitEthernet0/0/24 属于链路汇聚组 eth-trunk 1，此链路汇聚组为 TRUNK 端口，允许所有 VLAN 通过

路由器 CORE1 配置文件：

```
<CORE1>display current-configuration
[V200R003C00]
#
 sysname CORE1
#
aaa
 authentication-scheme default
 authorization-scheme default
 accounting-scheme default
 domain default
 domain default_admin
 local-user admin password cipher %$%$K8m.Nt84DZ}e#<0`8bmE3Uw}%$%$
 local-user admin service-type http
#
firewall zone Local
 priority 15
#
interface GigabitEthernet0/0/0
 ip address 192.168.1.1 255.255.255.0
#
interface GigabitEthernet0/0/1
 ip address 192.168.2.1 255.255.255.0
#
interface GigabitEthernet0/0/2
 ip address 192.168.100.2 255.255.255.0
#
interface NULL0
#
user-interface con 0
 authentication-mode password
user-interface vty 0 4
user-interface vty 16 20
#
```

```
wlan ac
#
return
<CORE1>
```

通过上面的配置文件，可以看到路由器名为 CORE1，接口 GigabitEthernet0/0/0 的 IP 地 址 为 192.168.1.1； 接 口 GigabitEthernet0/0/1 的 IP 地 址 为 192.168.2.1； 接 口 GigabitEthernet0/0/2 的 IP 地址为 192.168.100.2。

10. 测试网络的连通性

通过 ping 命令依次测试设备间的连通行，保证链路的畅通及基础配置的正确性。

【知识补充】

一、交换机和路由器简介

1. 交换机

交换机（Switch）是一种用于电（光）信号转发的网络设备。它可以为接入交换机的任意两个网络节点提供独享的电信号通路。最常见的交换机是以太网交换机，其他常见的还有电话语音交换机、光纤交换机等。

（1）按应用领域

交换机按应用领域可分为两种：广域网交换机和局域网交换机。广域网交换机主要应用于电信领域，提供电话通信用的基础平台；局域网交换机应用于数据通信网络，用于连接终端设备，如 PC、服务器、存储设备和网络打印机等。

（2）按传输介质

按传输介质和传输速率可分为以太网交换机、快速以太网交换机、千兆以太网交换机、FDDI 交换机、ATM 交换机和令牌环交换机等。

（3）按应用规模

按规模应用又可分为企业级交换机、部门级交换机和工作组交换机等。各厂商划分的尺度并不是完全一致的，一般来讲，企业级交换机都是机架式，部门级交换机可以是机架式，也可以是固定配置式，而工作组级交换机为固定配置式。

2. 路由器

路由器（Router）是一种连接多个网络或网段的网络设备，在运行着多种网络协议的网络或异种网络之间起到连接并转发数据的作用。路由器划分如下：

（1）按性能档次分

路由器可分高、中和低档路由器，不过各厂家划分并不完全一致。通常将背板交换能力大于 40Gbit/s 的路由器称为高档路由器，背板交换能力在 25Gbit/s~40Gbit/s 之间的路由器称为中档路由器，低于 25Gbit/s 的则为低档路由器。

（2）按结构分

从结构上分，路由器可分为模块化结构与非模块化结构。模块化结构可以灵活地配置路由器，以适应企业不断增加的业务需求，非模块化结构就只能提供固定的端口。通常中高端路由器为模块化结构，低端路由器为非模块化结构。

（3）从功能上划分

从功能上划分，可将路由器分为核心层（骨干级）路由器、分发层（企业级）路由器和访问层（接入级）路由器。

骨干级路由器：骨干级路由器是实现企业级网络互联的关键设备，它的数据吞吐量较大。骨干级路由器的基本性能要求是高速度和高可靠性。为了获得高可靠性，网络系统普遍采用诸如热备份、双电源、双数据通路等传统冗余技术，从而使得骨干路由器的可靠性一般不成问题。

企业级路由器：企业路由器连接许多终端系统，连接对象较多，但系统相对简单，且数据流量较小，对这类路由器的要求是以尽量便宜的方法实现尽可能多的端点互联，同时还要求能够支持不同的服务质量。

接入级路由器：接入级路由器主要应用于连接家庭或 ISP 内的小型企业客户群体。接入级路由器支持许多异构和高速端口，并能在各个端口运行多种协议。

（4）从应用划分

从应用上划分，路由器可分为通用路由器与专用路由器。一般所说的路由器皆为通用路由器。专用路由器通常为实现某种特定功能对路由器接口、硬件等作专门优化。例如，家庭路由器就是专用路由器。

3. 常见的交换机生产厂商

网络设备厂商包括思科、华为、H3C、Juniper、锐捷网络、D-Link、TP-LINK、NETGEAR、中兴、Netcore、神州数码、3Com、博科等。华为公司是中国最大的网络设备厂商，华为的产品主要涉及通信和数据网络中的交换网络、传输网络、无线及有线固定接入网络和数据通信网络以及无线终端产品，为世界各地通信运营商及专业网络拥有者提供硬件设备、软件、服务和解决方案。

4. 部分设备厂商操作系统介绍

VRP：VRP（Versatile Routing Platform，通用路由平台）是华为所有基于 IP/ATM 构架的数据通信产品操作系统平台。运行 VRP 操作系统的华为产品包括路由器、局域网交换机、ATM 交换机、拨号访问服务器、IP 电话网关、电信级综合业务接入平台、智能业务选择网关以及专用硬件防火墙等。VRP 平台以 TCP/IP 栈为核心，实现了数据链路层、网络层和应用层的多种协议，在操作系统中集成了路由技术、QoS 技术、VPN 技术、安全技术和 IP 语音技术等数据通信要件，并以 IP 转发引擎技术作为基础，为网络设备提供了出色的数据转发能力。

Comware：Comware 是 H3C 公司用于网络设备的网络操作系统，所有功能都针对网络设备设计，更加有针对性。Comware 包含了设备上的全部软件功能，使得设备上只需要使用 Comware 单一系统就可以支持设备的全部软件功能。另外，从低端到高端以及各种类型的网络设备均只使用 Comware 单一的网络操作系统，保证了功能的一致。H3C 公司较新的操作系统为 Comware V7，它采用多进程的实现方式，实现了完全的模块化。通过模块化使得系统在可靠性、虚拟化、多核多 CPU 应用、分布式计算、动态加载升级等方面都有了很大的改进。同时，Comware V7 使用了主流的 Linux 操作系统，使得网络操作系统从一个封闭的专用系统向更加通用、开放转变。

IOS：Cisco 公司的网际操作系统（IOS）是一个为网际互联优化的复杂的操作系统。它是一个与硬件分离的软件体系结构，随着网络技术的不断发展，可动态地升级以适应不断变化的技术（硬件和软件）。

二、配置华为网络设备

1. 通过配置线缆连接计算机串口和交换机配置口

通过 Console 口登录交换机是指使用专门的 Console 通信线缆将用户 PC 的串口与交换机的 Console 口相连，在进行相应的配置后实现在本地管理交换机。Console 口登录是登录交换机的最基本方式，也是其他登录方式（如 Telnet、STelnet）的基础，适用于首次登录交换机或无法远程登录交换机的场景，如图 4-2 所示。

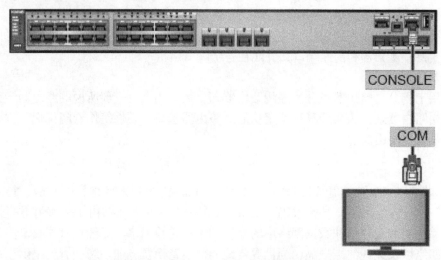

图 4-2　Console 口登录交换机

2. 配置 SecureCRT 进入交换机配置界面

步骤 1：打开 SecureCRT，如图 4-3 所示。

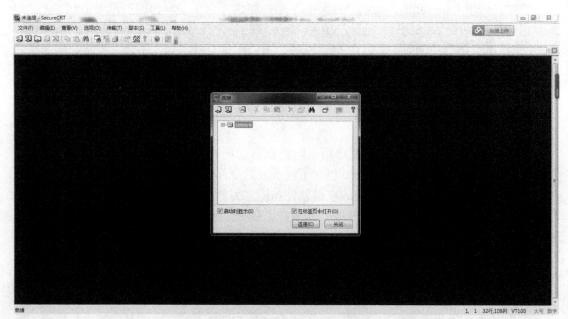

图 4-3　打开 SecureCRT

步骤 2：选择快速连接，如图 4-4 所示。

步骤 3：在"协议"中选择"Serial"，"端口"设置为"COM1"，"波特率"更改为"9600"字节，"数据位"为"8"，"奇偶校验"为"None"，"停止位"为"1"，取消流量控制，如图 4-5 所示，然后单击"连接"，就可以配置交换机了。

图 4-4 快速连接 　　　　　　　　　　　　　　　　图 4-5 配置串口属性

3. 华为基础命令简介

华为的各种网络设备提供了丰富的功能，相应也提供了多样的配置和查询命令。为便于使用这些命令，华为操作系统 VRP 将命令按功能分类进行组织。当使用某个命令时，需要先进入这个命令所在的特定分类（即视图）。

各命令行视图是针对不同的配置要求实现的，它们之间既有联系又有区别。最为常用的 3 种视图为用户视图、系统视图和功能视图。

用户视图：登录到设备后，即进入用户视图，在用户视图下可以完成查看运行状态和统计信息等功能。用户视图的提示符为 <>，<> 之中为系统名称，用户可以自行配置，默认为 Huawei。如下所示：

<Huawei>

系统视图：在用户视图下输入 system-view，即进入系统视图。

<Huawei> system-view
System View: return to User View with Ctrl+Z.
[Huawei]

在系统视图下，可以输入不同的命令进入相应的功能视图，如图 4-6 所示。

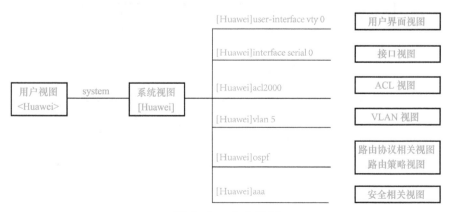

图 4-6 命令视图

功能视图：功能类视图分为以下几类。

基本接入功能视图：包括常用接口、VLAN、MSTP、QinQ、RRPP、Smart Link、Monitor Link、DHCP 等基本接入功能视图。

设备管理功能视图：包括用户界面、NQA 测试组、FTP、JOB 等日常管理操作视图，以及 IRF、集群、ACSEI server、PoE Profile、FTTH 等设备增强管理视图。

路由相关功能视图：包括 RIP、OSPF、IS-IS、BGP 等 IPv4 路由协议相关功能视图，以及 RIPng、OSPFv3、IPv6 BGP 等 IPv6 路由协议相关功能视图。

命令行中有如图 4-7 所示的两种常用帮助，完全帮助和部分帮助。

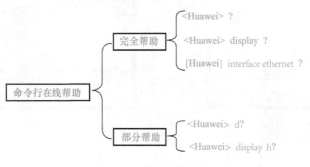

图 4-7　帮助命令使用图

4. VLAN 技术简介

VLAN（Virtual Local Area Network，虚拟局域网）是将一个物理的 LAN 在逻辑上划分成多个广播域的通信技术。VLAN 内的主机间可以直接通信，而 VLAN 间不能直接通信，从而将广播报文限制在一个 VLAN 内。解决了当主机数目较多时会导致冲突严重、广播泛滥、性能显著下降甚至造成网络不可用等问题。

要使交换机能够分辨不同 VLAN 的报文，需要在报文中添加标识 VLAN 信息的字段。IEEE 802.1Q 协议规定，在以太网数据帧的目的 MAC 地址和源 MAC 地址字段之后、协议类型字段之前加入 4 个字节的 VLAN 标签（又称 VLAN Tag，Tag），用以标识 VLAN 信息，如图 4-8 所示，具体字段解释见表 4-3。

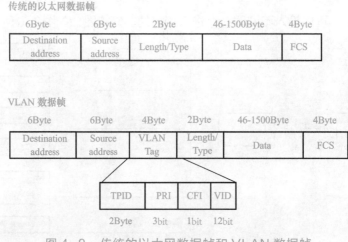

图 4-8　传统的以太网数据帧和 VLAN 数据帧

表 4-3　VLAN 数据帧字段介绍

字段	长度	含　义	取　值
TPID	2Byte	Tag Protocol Identifier（标签协议标识符），表示数据帧类型	表示帧类型，取值为 0x8100 时表示 IEEE 802.1Q 的 VLAN 数据帧。如果不支持 802.1Q 的设备收到这样的帧，会将其丢弃
PRI	3bit	Priority，表示数据帧的 802.1p 优先级	取值范围为 0 ~ 7，值越大优先级越高。当网络阻塞时，交换机优先发送优先级高的数据帧
CFI	1bit	Canonical Format Indicator（标准格式指示位），表示 MAC 地址在不同的传输介质中是否以标准格式进行封装，用于兼容以太网和令牌环网	CFI 取值为 0 表示 MAC 地址以标准格式进行封装，为 1 表示以非标准格式封装。在以太网中，CFI 的值为 0
VID	12bit	VLAN ID，表示该数据帧所属 VLAN 的编号	VLAN ID 取值范围是 0 ~ 4095。由于 0 和 4095 为协议保留取值，所以 VLAN ID 的有效取值范围是 1 ~ 4094

（1）VLAN 帧格式

在一个 VLAN 交换网络中，以太网帧主要有以下两种形式：有标记帧（Tagged 帧）：加入了 4 字节 VLAN 标签的帧。

无标记帧（Untagged 帧）是原始的、未加入 4 字节 VLAN 标签的帧。

交换机内部处理的数据帧都带有 VLAN 标签，而网络中交换机连接的设备有些只会收发 Untagged 帧，要与这些设备交互，就需要接口能够识别 Untagged 帧并在收发时给帧添加、剥除 VLAN 标签。同时，网络中属于同一个 VLAN 的用户可能会被连接在不同的交换机上，且跨越交换机的 VLAN 可能不止一个，如果需要不同交换机同一 VLAN 中用户间的互通，就需要交换机间的接口能够同时识别和发送多个 VLAN 的数据帧，这时交换机间链路就需要收发有标记的数据帧。

（2）VLAN 接口类型

为了适应不同的连接和组网，华为定义了 Access 接口、Trunk 接口和 Hybrid 接口 3 种接口类型，同时，这 3 种接口的默认 VLAN 为 vlan1。

Access 接口：Access 接口一般用于和不能识别 Tag 的用户终端（如用户主机、服务器等）相连，或者不需要区分不同 VLAN 成员时使用。它只能收发 Untagged 帧，且只能为 Untagged 帧添加唯一 VLAN 的 Tag。

Trunk 接口：Trunk 接口一般用于连接交换机、路由器、AP 以及可同时收发 Tagged 帧和 Untagged 帧的语音终端。它可以允许多个 VLAN 的帧带 Tag 通过，但只允许一个 VLAN 的帧从该类接口上发出时不带 Tag。

Hybrid 接口：Hybrid 接口既可以用于连接不能识别 Tag 的用户终端（如用户主机、服务器等）和网络设备（如 HUB、"傻瓜"交换机），也可以用于连接交换机、路由器以及可同时收发 Tagged 帧和 Untagged 帧的语音终端、AP。它可以允许多个 VLAN 的帧带 Tag 通过，且允许从该类接口发出的帧根据需要配置某些 VLAN 的帧带 Tag、某些 VLAN 的帧不带 Tag。

PVID（默认 VLAN）：交换机处理的数据帧都带 Tag，当交换机收到 Untagged 帧时，就需要给该帧添加 Tag，添加什么 Tag 就由接口上的默认 VLAN 决定。

5. 以太网链路聚合

随着网络规模不断扩大，用户对骨干链路的带宽和可靠性提出越来越高的要求。在传统技术中，常用更换高速率设备的方式来增加带宽，但这种方案需要付出高额的费用，而且不够灵活。

Eth-Trunk（链路聚合）通过将多条以太网物理链路捆绑在一起成为一条逻辑链路，如图 4-9 所示，从而实现增加链路带宽的目的。这些捆绑在一起的链路通过相互间的动态备份，可以有效地提高链路的可靠性。

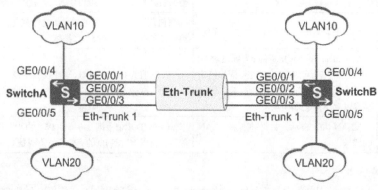

图 4-9　链路汇聚原理

（1）链路聚合技术主要有以下 3 个特性

增加带宽：链路聚合接口的最大带宽可以达到各成员接口带宽之和。

提高可靠性：当某条活动链路出现故障时，流量可以切换到其他可用的成员链路上，从而提高链路聚合接口的可靠性。

负载分担：在一个链路聚合组内，可以实现在各成员活动链路上的负载分担。

（2）链路聚合基本概念

链路聚合组和链路聚合接口：

链路聚合组（Link Aggregation Group）：是指将若干条以太链路捆绑在一起所形成的逻辑链路。每个聚合组唯一对应着一个逻辑接口，这个逻辑接口称为链路聚合接口或 Eth-Trunk 接口。链路聚合接口可以作为普通的以太网接口来使用，与普通以太网接口的差别在于转发的时候链路聚合组需要从成员接口中选择一个或多个接口来进行数据转发。

成员接口和成员链路：组成 Eth-Trunk 接口的各个物理接口称为成员接口。成员接口对应的链路称为成员链路。

活动接口和非活动接口、活动链路和非活动链路：链路聚合组的成员接口存在活动接口和非活动接口两种。转发数据的接口称为活动接口，不转发数据的接口称为非活动接口。活动接口对应的链路称为活动链路，非活动接口对应的链路称为非活动链路。

活动接口数上限阈值：设置活动接口数上限阈值的目的是在保证带宽的情况下提高网络的可靠性。当前活动链路数目达到上限阈值时，再向 Eth-Trunk 中添加成员接口，不会增加 Eth-Trunk 活动接口的数目，超过上限阈值的链路状态将被置为 Down，作为备份链路。

（3）链路聚合模式

链路聚合模式分为手工模式和 LACP 模式两种。

手工模式：Eth-Trunk 的建立、成员接口的加入由手工配置，没有链路聚合控制协议的参与。

LACP 模式：Eth-Trunk 的建立是基于 LACP 的，LACP 为交换数据的设备提供一种标准的协商方式，以供系统根据自身配置自动形成聚合链路并启动聚合链路收发数据。聚合链路形成以后，负责维护链路状态。在聚合条件发生变化时，自动调整或解散链路聚合。

任务 2　生成树安全配置

【任务描述】

网络工程师老乔对企业网络中的交换机启动生成树协议，设置两个实例 instance 0 和 instance 1，HJC1 为 instance 0 的根，HJC2 为 instance 1 的根。并在接入层交换机配置连接 PC 的端口为边缘端口，同时启动 BPDU 防护。

【任务分析】

企业网络中为了保障不会因为部分链路或设备失效造成传输中断而选择添加冗余的链路，而且冗余链路带来了交换环路的问题，这时启动多生成树协议保证了网络既不会出现环路，同时又使不同实例有不同生成树，还使链路具备了负载均衡能力。配置接入层交换机连接 PC 的端口为边缘端口是为了使端口快速进入转发，拓扑变化时也不会影响本交换机与 PC 之间的通信；启动 BPDU 防护后，如果边缘端口收到未经授权的交换机发布的 BPDU 报文，边缘端口将会被关闭。

【任务实施】

在企业网模块中的所有交换机上配置生成树协议。

1. 配置交换机 JRC1-1

配置接入层交换机 JRC1-1 启动多生成树协议，配置区域名称为 sjzwl，实例 0 中包含 vlan1 和 vlan4，实例 0 中包含 vlan5 和 vlan6。

启动生成树协议：

[JRC1-1]stp enable

设置生成树协议模式为多生成树协议：

[JRC1-1]stp mode mstp

进入多生成树协议区域配置：

[JRC1-1]stp region-configuration

配置多生成树协议区域名为 sjzwl：

[JRC1-1-mst-region]region-name sjzwl

建立实例 0，包含成员 vlan1 和 vlan4：

[JRC1-1-mst-region]instance 0 vlan 1 4

建立实例 1，包含成员 vlan5 和 vlan6：

[JRC1-1-mst-region]instance 1 vlan 5 6

配置完成后，激活区域：

[JRC1-1-mst-region]active region-configuration

经验分享

华为公司的交换机配置好多区域后，必须激活区域，否则区域信息不会出现在当前配置文件信息中。Cisco 公司的交换机配置好多生成树后，区域会直接激活。

2. 配置交换机 JRC2-1

配置接入层交换机 JRC2-1 启动多生成树协议，配置区域名称为 sjzwl，实例 0 中包含 vlan1 和 vlan4，实例 1 中包含 vlan5 和 vlan6。

[JRC2-1]stp enable

[JRC2-1]stp mode mstp

[JRC2-1]stp region-configuration

[JRC2-1-mst-region]region-name sjzwl

[JRC2-1-mst-region]instance 0 vlan 1 4

[JRC2-1-mst-region]instance 1 vlan 5 6

[JRC2-1-mst-region]active region-configuration

注意事项：一定要

3. 配置交换机 JRC3-1

配置接入层交换机 JRC3-1 启动多生成树协议，配置区域名称为 sjzwl，实例 0 中包含 vlan1 和 vlan4，实例 1 中包含 vlan5 和 vlan6。

[JRC3-1]stp enable

[JRC3-1]stp mode mstp

[JRC3-1]stp region-configuration

[JRC3-1-mst-region]region-name sjzwl

[JRC3-1-mst-region]instance 0 vlan 1 4

[JRC3-1-mst-region]instance 1 vlan 5 6

[JRC3-1-mst-region]active region-configuration

4. 配置交换机 JRC4-1

配置接入层交换机 JRC4-1 启动多生成树协议，配置区域名称为 sjzwl，实例 0 中包含 vlan1 和 vlan4，实例 1 中包含 vlan5 和 vlan6。

[JRC4-1]stp enable

[JRC4-1]stp mode mstp

[JRC4-1]stp region-configuration

[JRC4-1-mst-region]region-name sjzwl

[JRC4-1-mst-region]instance 0 vlan 1 4

[JRC4-1-mst-region]instance 1 vlan 5 6

[JRC4-1-mst-region]active region-configuration

5. 配置交换机 HJC1

配置接入层交换机 HJC1 启动多生成树协议，配置区域名称为 sjzwl，实例 0 中包含 vlan1 和 vlan4，实例 1 中包含 vlan5 和 vlan6。并设置此交换机在实例 0 中优先级为 4096，配置实例 1 中优先级为 8192。

[HJC1]stp enable

[HJC1]stp mode mstp

[HJC1]stp region-configuration

[HJC1-mst-region]region-name sjzwl

[HJC1-mst-region]instance 0 vlan 1 4

[HJC1-mst-region]instance 1 vlan 5 6

[HJC1-mst-region]active region-configuration

配置实例 0 中优先级为 4096：

[HJC1]stp instance 0 priority 4096

配置实例 1 中优先级为 8192：

[HJC1]stp instance 1 priority 8192

6. 配置交换机 HJC2

配置接入层交换机 HJC2 启动多生成树协议，配置区域名称为 sjzwl，实例 0 中包含 vlan1 和 vlan4，实例 1 中包含 vlan5 和 vlan6。并设置此交换机在实例 0 中优先级为 8192，配置实例 1 中优先级为 4096。

[HJC2]stp enable

[HJC2]stp mode mstp

[HJC2]stp region-configuration

[HJC2-mst-region]region-name sjzwl

[HJC2-mst-region]instance 0 vlan 1 4

[HJC2-mst-region]instance 1 vlan 5 6

[HJC2]stp instance 1 priority 4096

[HJC2]stp instance 0 priority 8192

[HJC2-mst-region]active region-configuration

7. 查看生成树消息

在交换机 HJC1 上查看生成树区域信息：

```
<HJC1>display stp region-configuration
 Oper configuration
   Format selector      :0
   Region name          :sjzwl
   Revision level       :0

   Instance    VLANs Mapped
      0         1 to 4, 7 to 4094
      1         5 to 6
```

从 HJC1 生成树区域信息中可以看到，区域名称为 sjzwl，修正级别为 0，实例 0 对应 vlan1 到 vlan4、vlan7 到 vlan4094；实例 1 对应 vlan5 到 vlan6。

在交换机 JRC1-1 上查看生成树简要信息：

```
[JRC1-1]display stp brief
```

MSTID	Port	Role	STP State	Protection
0	Ethernet0/0/1	DESI	FORWARDING	NONE
0	Ethernet0/0/2	DESI	FORWARDING	NONE
0	Ethernet0/0/3	DESI	FORWARDING	NONE
0	GigabitEthernet0/0/1	ROOT	FORWARDING	NONE
0	GigabitEthernet0/0/2	ALTE	DISCARDING	NONE
1	GigabitEthernet0/0/1	ALTE	DISCARDING	NONE
1	GigabitEthernet0/0/2	ROOT	FORWARDING	NONE

从 JRC1-1 生成树简要信息中可以看到，GigabitEthernet0/0/1 在实例 0 中端口角色为根端口，端口状态为转发，在实例 1 中端口角色为备份端口，端口状态为丢弃；GigabitEthernet0/0/2 在实例 0 中端口角色为备份端口，状态为丢弃，在实例 1 中端口角色为根端口，端口状态为转发。也就是同一个端口在不同实例中端口角色和端口状态不同，达到了链路负载分担和链路备份的目的。JRC2-1、JRC3-1 和 JRC4-1 的端口状态与 JRC1-1 相同，此处就不再赘述。

在 HJC1 中查看生成树简要信息:

```
<HJC1>display stp brief
MSTID  Port                     Role  STP State     Protection
  0    GigabitEthernet0/0/1     DESI  FORWARDING    NONE
  0    GigabitEthernet0/0/2     DESI  FORWARDING    NONE
  0    GigabitEthernet0/0/3     DESI  FORWARDING    NONE
  0    GigabitEthernet0/0/4     DESI  FORWARDING    NONE
  0    GigabitEthernet0/0/5     DESI  FORWARDING    NONE
  0    Eth-Trunk1               DESI  FORWARDING    NONE
  1    GigabitEthernet0/0/2     DESI  FORWARDING    NONE
  1    GigabitEthernet0/0/3     DESI  FORWARDING    NONE
  1    GigabitEthernet0/0/4     DESI  FORWARDING    NONE
  1    GigabitEthernet0/0/5     DESI  FORWARDING    NONE
  1    Eth-Trunk1               ROOT  FORWARDING    NONE
```

从上面 HJC1 显示生成树简要信息中,可以看到 GigabitEthernet0/0/1、GigabitEthernet0/0/2、GigabitEthernet0/0/3、GigabitEthernet0/0/4 和 GigabitEthernet0/0/5 这几个端口不管是在实例 0 和实例 1 中端口角色都是指定端口;Eth-Trunk1 的端口状态在实例 0 中为指定端口,在实例 1 中为根端口。前面在配置生成树协议时,配置 HJC1 为实例 0 的根,那么其上所有端口在实例 0 为指定端口,同时 HJC1 为实例 1 的备份根网桥,那么与交换机 HJC2 所连的 Eth-Trunk1 的端口状态就会是根端口,设计与结果相符。

```
<HJC2>display stp brief
MSTID  Port                     Role  STP State     Protection
  0    GigabitEthernet0/0/1     DESI  FORWARDING    NONE
  0    GigabitEthernet0/0/2     DESI  FORWARDING    NONE
  0    GigabitEthernet0/0/3     DESI  FORWARDING    NONE
  0    GigabitEthernet0/0/4     DESI  FORWARDING    NONE
  0    GigabitEthernet0/0/5     DESI  FORWARDING    NONE
  0    Eth-Trunk1               ROOT  FORWARDING    NONE
  1    GigabitEthernet0/0/2     DESI  FORWARDING    NONE
  1    GigabitEthernet0/0/3     DESI  FORWARDING    NONE
  1    GigabitEthernet0/0/4     DESI  FORWARDING    NONE
  1    GigabitEthernet0/0/5     DESI  FORWARDING    NONE
  1    Eth-Trunk1               DESI  FORWARDING    NONE
```

从上面 HJC2 显示生成树简要信息中,可以看到 GigabitEthernet0/0/1、GigabitEthernet0/0/2、GigabitEthernet0/0/3、GigabitEthernet0/0/4 和 GigabitEthernet0/0/5 这几个端口不管是在实例 0 和实例 1 中端口角色都是指定端口,端口状态为转发;Eth-Trunk1 的端口状态在实例 0 中为根端口,在实例 1 中为指定端口。前面在配置生成树协议时,配置 HJC2 为实例 1 的根,那么其上所有端口在实例 1 为指定端口;同时 HJC2 为实例 0 的备份根网桥,那么与交换机 HJC1 所连的 Eth-Trunk1 的端口状态就会是根端口,设计与结果相符。

交换机 HJC1 显示 vlan 的 STP 信息:

```
<HJC1>display stp vlan 1
ProcessId   InstanceId   Port                     Role   State
---------------------------------------------------------------
   0           0         GigabitEthernet0/0/2     DESI   FORWARDING
   0           0         GigabitEthernet0/0/3     DESI   FORWARDING
```

```
    0              0          GigabitEthernet0/0/4       DESI   FORWARDING
    0              0          GigabitEthernet0/0/5       DESI   FORWARDING
    0              0          Eth-Trunk1                 DESI   FORWARDING
<HJC1>display stp vlan 5
 ProcessId     InstanceId     Port                        Role    State
------------------------------------------------------------------------
    0              1          GigabitEthernet0/0/2       DESI   FORWARDING
    0              1          GigabitEthernet0/0/3       DESI   FORWARDING
    0              1          GigabitEthernet0/0/4       DESI   FORWARDING
    0              1          GigabitEthernet0/0/5       DESI   FORWARDING
    0              1          Eth-Trunk1                 ROOT   FORWARDING
```

通过显示在 vlan1 和 vlan5 中的生成树信息，可以看到 Eth-Trunk1 在实例 0 中为指定端口，状态为转发；Eth-Trunk1 在实例 1 中为根端口，状态为转发。

显示生成树协议实例 0：

```
<HJC1>display stp instance 0
--------[CIST Global Info][Mode MSTP]--------
CIST Bridge            :4096 .4c1f-cc1c-28c5
Config Times           :Hello 2s MaxAge 20s FwDly 15s MaxHop 20
Active Times           :Hello 2s MaxAge 20s FwDly 15s MaxHop 20
CIST Root/ERPC         :4096 .4c1f-cc1c-28c5 / 0
CIST RegRoot/IRPC      :4096 .4c1f-cc1c-28c5 / 0
CIST RootPortId        :0.0
BPDU-Protection        :Disabled
TC or TCN received     :38
TC count per hello     :0
STP Converge Mode      :Normal
Time since last TC     :0 days 0h:21m:3s
Number of TC           :42
Last TC occurred       :GigabitEthernet0/0/2
```

从显示的信息中可以看到 HJC1 的 CIST（Common and internal Spanning Tree，公共生成树）桥 ID 为 4096.4c1f-cc1c-28c5，同时 HJC1 是公共区域的根网桥。

```
<HJC1>display stp instance 1
--------[MSTI 1 Global Info]--------
MSTI Bridge ID         :8192.4c1f-cc1c-28c5
MSTI RegRoot/IRPC      :4096.4c1f-cc04-0bad / 10000
MSTI RootPortId        :128.25
Master Bridge          :4096.4c1f-cc1c-28c5
Cost to Master         :0
TC received            :16
TC count per hello     :0
Time since last TC     :0 days 0h:11m:0s
Number of TC           :15
Last TC occurred       :Eth-Trunk1
```

从显示的信息中可以看到 HJC1 的 MSTI1（Multiple Spanning Tree Instance，多生成树实例）桥 ID 为 8192.4c1f-cc1c-28c5，在多生成树实例 1 中根网桥 ID 为 4096.4c1f-cc04-0bad。

```
<HJC2>display stp instance 0
--------[CIST Global Info][Mode MSTP]--------
```

```
CIST Bridge              :8192 .4c1f-cc04-0bad
Config Times             :Hello 2s MaxAge 20s FwDly 15s MaxHop 20
Active Times             :Hello 2s MaxAge 20s FwDly 15s MaxHop 19
CIST Root/ERPC           :4096 .4c1f-cc1c-28c5 / 0
CIST RegRoot/IRPC        :4096 .4c1f-cc1c-28c5 / 10000
CIST RootPortId          :128.25
BPDU-Protection          :Disabled
TC or TCN received       :46
TC count per hello       :0
STP Converge Mode        :Normal
Time since last TC       :0 days 0h:22m:25s
Number of TC             :43
Last TC occurred         :Eth-Trunk1
```

从显示的信息中可以看到 HJC2 的 CIST 桥 ID 为 8192.4c1f-cc04-0bad，其 CIST 区域的根网桥为 4096 .4c1f-cc1c-28c5。

```
<HJC2>display stp instance 1
----------[MSTI 1 Global Info]----------
MSTI Bridge ID           :4096.4c1f-cc04-0bad
MSTI RegRoot/IRPC        :4096.4c1f-cc04-0bad / 0
MSTI RootPortId          :0.0
Master Bridge            :4096.4c1f-cc1c-28c5
Cost to Master           :10000
TC received              :13
TC count per hello       :0
Time since last TC       :0 days 0h:12m:18s
Number of TC             :13
Last TC occurred         :GigabitEthernet0/0/2
```

从显示的信息中可以看到 HJC2 的 MSTI1 桥 ID 为 4096.4c1f-cc1c-28c5，在多生成树实例 1 中根网桥为 HJC2 本身。

8. 配置生成树协议安全特性

为了防止维护人员的错误配置或网络中的恶意攻击，所有接入层交换机的边缘端口（端口 1 ~ 22）设置 bpdu 过滤，下面以交换机 JRC1-1 为例：

交换机 JRC1-1 启动 bpdu 保护功能：

```
[JRC1-1]stp bpdu-protection
[JRC1-1]interface Ethernet0/0/1
```

设置接口为边缘接口：

```
[JRC1-1-Ethernet0/0/1]stp edged-port enable
```

设置接口启动 bpdu 过滤：

```
[JRC1-1-Ethernet0/0/1]stp bpdu-filter enable
```

JRC1-1 的其他接入端口 Ethernet0/0/2 至 Ethernet0/0/22 的配置过程与 Ethernet0/0/1 的配置过程相同，此处不再赘述

【知识补充】

一、生成树协议简介

STP（Spanning Tree Protocol，生成树协议）：STP 产生的原因是由于以太网交换网络中

为了提高网络可靠性，使用冗余链路进行了链路备份。但是使用冗余链路会在交换网络上产生环路，引发广播风暴以及 MAC 地址表不稳定等故障现象，从而导致用户通信质量较差，甚至通信中断。为解决交换网络中的环路问题，运行 STP 的设备通过彼此交互信息发现网络中的环路，并有选择地对某个端口进行阻塞，最终将环形网络结构修剪成无环路的树形网络结构，从而防止报文在环形网络中不断循环，避免设备由于重复接收相同的报文造成处理能力下降。在以太网交换网中部署生成树协议后，可实现两个目的：一是通过阻塞冗余链路消除网络中可能存在的网络通信环路来消除环路；二是当前活动的路径发生故障时，激活冗余备份链路，恢复网络连通性。

RSTP（Rapid Spanning Tree Protocol，快速生成树协议）是 IEEE 于 2001 年发布的802.1w 标准，该协议基于 STP，对原有的 STP 进行了更加细致的修改和补充。

MSTP（Multiple Spanning Tree Protocol，多生成树协议）是 IEEE 802.1s 中定义的生成树协议，通过生成多个生成树来解决以太网环路问题。

二、STP 基本概念

STP 通过在交换网络中的所有交换机中选出一个根网桥，其他网桥分别计算到根网桥的距离，并与相邻网桥对比后阻断冗余链路，最终达到一个树形的没有环路的网络结构。对于一个 STP 网络，根桥在全网中只有一个，它是整个网络的逻辑中心，但不一定是物理中心。根桥会根据网络拓扑的变化而动态变化。

网络收敛后，根桥会按照一定的时间间隔产生并向外发送配置 BPDU，其他设备仅对该报文进行处理，传达拓扑变化记录，从而保证拓扑的稳定。

1）根网桥竞选：在初始化过程中，每个桥都主动发送配置 BPDU，通过交换 BPDU 消息并比较 BPDU 中的内容，来确定谁是根网桥，以及到达根网桥的路径。但在网络拓扑稳定以后，只有根桥主动发送配置 BPDU，其他桥在收到上游传来的配置 BPDU 后才触发发送自己的配置 BPDU。

BPDU 报文被封装在以太网数据帧中，目的 MAC 是组播 MAC：01-80-C2-00-00-00，Length/Type 字段为 MAC 数据长度，后面是 LLC 头，LLC 之后是 BPDU 报文头，帧结构如图 4-10 所示。BPDU 消息中有 4 个比较原则，构成消息优先级向量：{ 根桥 ID，根路径开销，发送设备 BID，发送端口 PID }。

6 bytes	6 bytes	2 bytes	3 bytes	38-1492 bytes	4 bytes
DMAC	SMAC	Length	LLC	BPDU Data	CRC

图 4-10　BPDU 帧结构

BID（桥 ID）：IEEE 802.1D 标准中规定 BID 是由 16 位的桥优先级（Bridge Priority）与桥 MAC 地址构成。BID 桥优先级占据高 16 位，其余的低 48 位是 MAC 地址。在 STP 网络中，桥 ID 最小的设备会被选举为根桥。

PID（端口 ID）：PID 由两部分构成的，高 4 位是端口优先级，低 12 位是端口号。PID 只在某些情况下对选择指定端口有作用。

路径开销（Path Cost）：路径开销是一个端口变量，是 STP 用于选择链路的参考值。STP 通过计算路径开销，选择较为"强壮"的链路，阻塞多余的链路，将网络修剪成无环路的树形网络结构。

在一个 STP 网络中，某端口到根桥的路径开销就是所经过的各个桥上的各端口的路径开销累加而成，这个值叫做根路径开销（Root Path Cost）。

2）选举根网桥过程中有3个要素：根桥、根端口和指定端口。

RB（Root Bridge，根桥）：根桥就是网桥ID最小的桥，通过交互配置BPDU报文选出最小的BID。

RP（Root Port，根端口）：所谓根端口就是去往根桥路径开销最小的端口，根端口负责向根桥方向转发数据，这个端口的选择标准是依据根路径开销判定。很显然，在一个运行STP的设备上根端口有且只有一个，根桥上没有根端口。

DP（Designated Port，指定端口）：指定桥向本机转发配置消息的端口或指定桥向本网段转发配置消息的端口。

一旦根桥、根端口、指定端口选举成功，则整个树形拓扑建立完毕。在拓扑稳定后，只有根端口和指定端口转发流量，其他的非根非指定端口都处于阻塞（Blocking）状态，它们只接收STP报文而不转发用户流量。

例如，图4-11所示STP选举示意图中，DeviceA、DeviceB和DeviceC的优先级分别为0、1和2，DeviceA与DeviceB之间、DeviceA与DeviceC之间以及DeviceB与DeviceC之间链路的路径开销分别为5、10和4。经过生成树协议计算后，DeviceA为根网桥，其上所有端口为指定端口；DeviceB的B1端口为根端口，B2端口为指定端口；DeviceC的C1端口为阻塞端口，C2端口为根端口。

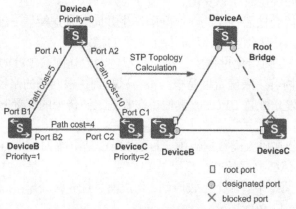

图4-11 STP选举示意图

三、RSTP 简介

根据STP的不足，RSTP删除了3种端口状态，新增加了两种端口角色，并且把端口属性充分按照状态和角色解耦；此外，RSTP还增加了相应的一些增强特性和保护措施，以实现网络的稳定和快速收敛。

1. RSTP 的端口角色

RSTP的端口角色共有4种：根端口、指定端口、Alternate端口和Backup端口。STP和RSTP中各端口对比如图4-12所示。

根端口和指定端口的作用同STP中定义的一样，Alternate端口和Backup端口的描述如下：

Alternate端口：由于学习到其他网桥发送的配置BPDU报文而阻塞的端口，Alternate端口提供了从指定桥到根的另一条可切换路径，作为根端口的备份端口。

Backup 端口：由于学习到自己发送的配置 BPDU 报文而阻塞的端口，Backup 端口作为指定端口的备份，提供了另一条从根桥到相应网段的备份通路。

给一个 RSTP 域内所有端口分配角色的过程就是整个拓扑收敛的过程。

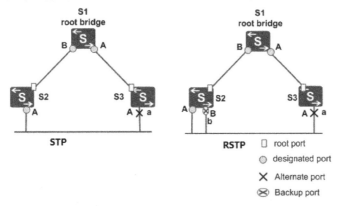

图 4-12　STP 和 RSTP 端口示意图

2. 端口状态的重新划分

RSTP 的状态规范把原来的 5 种状态缩减为 3 种。根据端口是否转发用户流量和学习 MAC 地址来划分。

Forwarding: 在这种状态下，端口既转发用户流量又处理 BPDU 报文。

Learning: 这是一种过渡状态。在 Learning 下，交换设备会根据收到的用户流量构建 MAC 地址表，但不转发用户流量，所以叫做学习状态。Learning 状态的端口处理 BPDU 报文。

Discarding:Discarding 状态的端口只接收 BPDU 报文。

四、MSTP 简介

MSTP 兼容 STP 和 RSTP，既可以快速收敛，又提供了数据转发的多个冗余路径，在数据转发过程中实现 VLAN 数据的负载均衡。MSTP 把一个交换网络划分成多个域，每个域内形成多棵生成树，生成树之间彼此独立。每棵生成树叫作一个多生成树实例（Multiple Spanning Tree Instance，MSTI），每个域叫作一个多生成树域（Multiple Spanning Tree Region，MST Region）。

1. MST 域

MST 域：由交换网络中的多台交换设备以及它们之间的网段所构成。同一个 MST 域的设备具有下列特点：

1）都启动了 MSTP。

2）具有相同的域名。

3）具有相同的 VLAN 到生成树实例映射配置。

4）具有相同的 MSTP 修订级别配置。

一个局域网内可以存在多个 MST 域，同一个 MST 域内的多台交换设备在域内计算生成树，消除域内环路。每个 MST 域对外相当于一台交换机，各 MST 域之间在物理上直接或间接相连，经 MSTP 计算后，阻塞相应端口，消除域间环路。图 4-13 所示的 MST Region 4 中由交换设备 A、B、C 和 D 构成，域中有 3 个 MSTI。

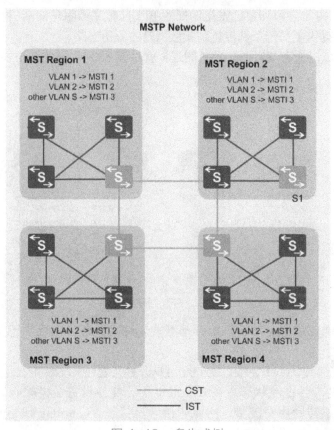

图 4-13　多生成树

2. 多生成树协议概念

与其他生成树协议中所有生成树实例都是独立的不同，MST 建立和维护如 IST、CST 和 CIST 这样既有独立性一面，又可以有相互关联的多种生成树实例。

IST（Internal Spanning Tree，内部生成树）：是 MST 区域中的一个生成树实例。在每个 MST 区域内部，MST 维护着多个生成树实例。实例 0 是一个特殊的实例，那就是此处所说的 IST。所有其他 MST 实例号只能在 1～4094 之间，也可以把 IST 看成是每个 MST 区域的外在表现。在默认情况下，所有 VLAN 是分配到 IST 实例中的。

IST 是仅发送和接收 BPDU 的生成树实例，所有其他生成树实例信息包含在 MST 记录中，是用 MST BPDU 进行封装的。因为 MST BPDU 携带了所有实例信息，这样在支持多个生成树实例时所需要处理的 BPDU 数量就会大大减少。

在同一个 MST 区域中的所有 MST 实例共享相同的协议计时器，但是每个 MST 实例有它们自己的拓扑结构参数，如根网桥 ID、根路径开销等。但是，一个 MST 实例是与所在区域相关的，例如，区域 A 中的 MST 实例 1 与在区域 B 中的 MST 实例 1 是无关的，即使区域 A 和区域 B 是互联的。

CST（Common Spanning Tree，公共生成树）：是用来互联 MST 区域的单生成树。如果把每个 MST 区域看做是一个"设备"，CST 就是这些"设备"通过 STP、RSTP 计算生成的一棵生成树。在每个 MST 区域中计算出的生成树都是作为包含整个交换域的 CST 的子树出现的。

CIST（Common and Internal Spanning Tree，公共和内部生成树）：是连接一个交换网络内所有设备的单生成树，由 IST 和 CST 共同构成。

由上可知，从包含的范围来看，IST 是最小的，仅属于一个 MST 区域内部，CST 次之，是 MST 区域间的互联生成树实例，CIST 最大，包括了 IST 和 CST。

除了 IST、CST 和 CIST 外，还有以下几个术语：

MSTI：一个 MST 域内可以通过 MSTP 算法生成多棵生成树，各棵生成树之间彼此独立。每棵生成树都称为一个 MSTI。

区域根网桥（Region Root Bridge）：MST 域内 MSTI 的根桥就是域根。MST 域内各棵生成树的拓扑不同，区域根也可能不同，也称之为"MST 区域根"。

公共根网桥（Common Root Bridge）：是指 CIST 的根桥，也就是整个网络中的根网桥，也称为"CIST 区域根"。

VLAN 映射表：VLAN 映射表是 MST 域的属性，它描述了 VLAN 和 MSTI 之间的映射关系。

SST：构成单生成树 SST（Single Spanning Tree）有两种情况：运行 STP 或 RSTP 的交换设备只能属于一个生成树；SST 域中只有一个交换设备，这个交换设备构成单生成树。

域根：域根（Regional Root）分为 IST 域根和 MSTI 域根。在 MST 域中 IST 生成树中距离总根（CIST Root）最近的交换设备是 IST 域根。一个 MST 域内可以生成多棵生成树，每棵生成树都称为一个 MSTI。MSTI 域根是每个多生成树实例的树根。域中不同的 MSTI 有各自的域根。

总根：总根是 CIST（Common and Internal Spanning Tree）的根桥。

主桥：主桥（Master Bridge）也就是 IST Master，它是域内距离总根最近的交换设备。如果总根在 MST 域中，则总根为该域的主桥。

端口角色：根端口、指定端口、Alternate 端口、Backup 端口和边缘端口的作用同 RSTP 中的定义。

五、MSTP 安全性

1. BPDU 保护

边缘端口直接和用户终端相连，正常情况下，边缘端口不会收到 BPDU 报文。如果攻击者伪造 BPDU 恶意攻击交换设备，当边缘端口接收到 BPDU 报文时，交换设备会自动将边缘端口设置为非边缘端口，并重新进行生成树计算，从而引起网络震荡。通过在边缘端口的交换设备上使能 BPDU 保护可以防止伪造 BPDU 恶意攻击。

2. 环路保护功能

在运行 MSTP 的网络中，根端口和其他阻塞端口状态是依靠不断接收来自上游交换设备的 BPDU 报文维持的。当由于链路拥塞或者单向链路故障导致这些端口收不到来自上游交换设备的 BPDU 报文时，交换设备会重新选择根端口。原来的根端口会转变为指定端口，而原来的阻塞端口会迁移到转发状态，从而造成交换网络中可能产生环路。为了防止以上情况发生，可部署环路保护功能。

在启动了环路保护功能后，如果根端口或 Alternate 端口长时间收不到来自上游设备的 BPDU 报文，则向网管发出通知信息（此时根端口会进入 Discarding 状态，角色切换为指定端口），而 Alternate 端口会一直保持在阻塞状态（角色也会切换为指定端口），不转发报文，从而不会在网络中形成环路。直到链路不再拥塞或单向链路故障恢复，端口重新收到 BPDU 报文进行协商，并恢复到链路拥塞或者单向链路故障前的角色和状态。

3. 配置交换设备的 TC 保护功能

如果局域网内的攻击者伪造拓扑变化 BPDU 报文恶意攻击交换设备，交换设备短时间内会收到很多拓扑变化 BPDU 报文，频繁地删除 MAC 或者 ARP 表项操作会给设备造成很大的负担，也会影响网络的稳定性。

启用 TC 保护功能后，在单位时间内，可以配置交换设备处理拓扑变化报文的次数。如果在单位时间内，交换设备收到的拓扑变化报文数量大于配置的阈值，那么设备只会处理阈值指定的次数。对于其他超出阈值的拓扑变化报文，定时器到期后设备只对其统一处理一次。这样可以避免频繁地删除 MAC 地址表项和 ARP 表项，从而达到保护设备的目的。

 任务 3　配置虚拟路由冗余协议

【任务描述】

网络工程师老乔对企业网络中汇聚层交换机启动 VRRP（虚拟路由冗余协议），设置 vlan1 中的虚拟网关为 192.168.254.254；设置 vlan4 中的虚拟网关为 192.168.4.254；设置 vlan5 中的虚拟网关为 192.168.254.5；设置 vlan6 中的虚拟网关为 192.168.6.254。HJC1 作为 vlan1 和 vlan4 中的 Master 路由器，也 vlan5 和 vlan6 中的 Backup 路由器；HJC2 作为 vlan1 和 vlan4 中的 Backup 路由器，也 vlan5 和 vlan6 中的 Master 路由器。

【任务分析】

企业网络中经常遇到接入单点失败问题，所以在部署企业网时一定要有冗余设备，接入层设备没有办法冗余，那么在汇聚层的交换机上配置网关时，就要考虑要有冗余设备和技术。配置 VRRP 就是解决网关单点失败问题的解决方案，这样网络中的网关不会因为一台汇聚层交换机死机或线缆损坏等问题，造成内网用户不能通过网关传送数据。同时在不同的交换机上对同一虚拟局域网中的 VRRP 网关设置不同的优先级，还可以在接入层交换机的多个上行链路上负载均衡数据。

【任务实施】

1. 配置交换机 HJC1

进入 vlan1 接口：
[HJC1]interface vlanif 1
设置 vrrp 组 1 的虚拟网关为 192.168.254.254：
[HJC1-Vlanif1]vrrp vrid 1 virtual-ip 192.168.254.254
设置 vrrp 组 1 的虚拟网关优先级为 120：
[HJC1-Vlanif1]vrrp vrid 1 priority 120
设置 vrrp 组 1 的虚拟网关监控 GigabitEthernet 0/0/1
[HJC1-Vlanif1]vrrp vrid 1 track interface GigabitEthernet 0/0/1
设置 vrrp 组 1 的虚拟网关抢占模式延迟 2s：
[HJC1-Vlanif1]vrrp vrid 1 preempt-mode timer delay 2
设置 vrrp 组 1 的虚拟网关验证模式为 md5，密码为 sjzwl：
[HJC1-Vlanif1]vrrp vrid 1 authentication-mode md5 sjzwl

进入交换机 HJC1 的 vlan4 接口，设置 vrrp 组 4 的虚拟网关为 192.168.4.254，设置 vrrp 组 4 的虚拟网关优先级为 120，设置 vrrp 组 4 的虚拟网关监控 GigabitEthernet 0/0/1，设置 vrrp 组 4 的虚拟网关抢占模式延迟 2s，设置 vrrp 组 4 的虚拟网关验证模式为 md5，密码为 sjzwl：

[HJC1]interface vlanif 4
[HJC1-Vlanif4]vrrp vrid 4 virtual-ip 192.168.4.254
[HJC1-Vlanif4]vrrp vrid 4 priority 120
[HJC1-Vlanif4]vrrp vrid 4 track interface GigabitEthernet 0/0/1
[HJC1-Vlanif4]vrrp vrid 4 preempt-mode timer delay 2
[HJC1-Vlanif4]vrrp vrid 4 authentication-mode md5 sjzwl

进入交换机 HJC1 的 vlan5 接口，设置 vrrp 组 5 的虚拟网关为 192.168.5.254，设置 vrrp 组 5 的虚拟网关监控 GigabitEthernet 0/0/1，设置 vrrp 组 5 的虚拟网关抢占模式延迟 2s，设置 vrrp 组 5 的虚拟网关验证模式为 md5，密码为 sjzwl：

[HJC1]interface vlanif 5
[HJC1-Vlanif5]vrrp vrid 5 virtual-ip 192.168.5.254
[HJC1-Vlanif5]vrrp vrid 5 track interface GigabitEthernet 0/0/1
[HJC1-Vlanif5]vrrp vrid 5 preempt-mode timer delay 2
[HJC1-Vlanif1]vrrp vrid 5 authentication-mode md5 sjzwl

小知识

如果不设置虚拟网关优先级，则默认的虚拟网关优先级为 100，优先级数字越大，优先级越高。

进入交换机 HJC1 的 vlan6 接口，设置 vrrp 组 6 的虚拟网关为 192.168.6.254，设置 vrrp 组 6 的虚拟网关监控 GigabitEthernet 0/0/1，设置 vrrp 组 6 的虚拟网关抢占模式延迟 2s，设置 vrrp 组 6 的虚拟网关验证模式为 md5，密码为 sjzwl：

[HJC1]interface vlanif 6
[HJC1-Vlanif6]vrrp vrid 6 virtual-ip 192.168.6.254
[HJC1-Vlanif6]vrrp vrid 6 track interface GigabitEthernet 0/0/1
[HJC1-Vlanif6]vrrp vrid 6 preempt-mode timer delay 2
[HJC1-Vlanif6]vrrp vrid 6 authentication-mode md5 sjzwl

2. 配置交换机 HJC2

进入交换机 HJC2 的 vlan1 接口，设置 vrrp 组 1 的虚拟网关为 192.168.254.254，设置 vrrp 组 4 的虚拟网关监控 GigabitEthernet 0/0/1，设置 vrrp 组 1 的虚拟网关抢占模式延迟 2s，设置 vrrp 组 1 的虚拟网关验证模式为 md5，密码为 sjzwl：

[HJC2-Vlanif1]vrrp vrid 1 virtual-ip 192.168.254.254
[HJC2-Vlanif1]vrrp vrid 1 track interface GigabitEthernet 0/0/1
[HJC2-Vlanif1]vrrp vrid 1 preempt-mode timer delay 2
[HJC2-Vlanif1]vrrp vrid 1 authentication-mode md5 sjzwl

进入交换机 HJC2 的 vlan4 接口，设置 vrrp 组 4 的虚拟网关为 192.168.4.254，设置 vrrp 组 4 的虚拟网关监控 GigabitEthernet 0/0/1，设置 vrrp 组 4 的虚拟网关抢占模式延迟 2s，设置 vrrp 组 4 的虚拟网关验证模式为 md5，密码为 sjzwl：

[HJC2-Vlanif4]vrrp vrid 4 virtual-ip 192.168.4.254
[HJC2-Vlanif4]vrrp vrid 4 track interface GigabitEthernet 0/0/1
[HJC2-Vlanif4]vrrp vrid 4 preempt-mode timer delay 2

[HJC2–Vlanif4]vrrp vrid 4 authentication–mode md5 sjzwl

进入交换机 HJC2 的 vlan5 接口，设置 vrrp 组 5 的虚拟网关为 192.168.5.254，设置 vrrp 组 5 的虚拟网关优先级为 120，设置 vrrp 组 5 的虚拟网关监控 GigabitEthernet 0/0/1，设置 vrrp 组 5 的虚拟网关抢占模式延迟 2s，设置 vrrp 组 5 的虚拟网关验证模式为 md5，密码为 sjzwl：

[HJC2–Vlanif5]vrrp vrid 5 virtual–ip 192.168.5.254

[HJC2–Vlanif5]vrrp vrid 5 priority 120

[HJC2–Vlanif5]vrrp vrid 5 track interface GigabitEthernet 0/0/1

[HJC2–Vlanif5]vrrp vrid 5 preempt–mode timer delay 2

[HJC2–Vlanif1]vrrp vrid 5 authentication–mode md5 sjzwl

进入交换机 HJC2 的 vlan6 接口，设置 vrrp 组 6 的虚拟网关为 192.168.6.254，设置 vrrp 组 6 的虚拟网关优先级为 120，设置 vrrp 组 6 的虚拟网关监控 GigabitEthernet 0/0/1，设置 vrrp 组 6 的虚拟网关抢占模式延迟 2s，设置 vrrp 组 6 的虚拟网关验证模式为 md5，密码为 sjzwl：

[HJC2–Vlanif6]vrrp vrid 6 virtual–ip 192.168.6.254

[HJC2–Vlanif6]vrrp vrid 6 priority 120

[HJC2–Vlanif6]vrrp vrid 6 track interface GigabitEthernet 0/0/1

[HJC2–Vlanif6]vrrp vrid 6 preempt–mode timer delay 2

[HJC2–Vlanif6]vrrp vrid 6 authentication–mode md5 sjzwl

3. 查看配置结果

在交换机 HJC1 上通过 display vrrp brief 显示虚拟路由器的摘要信息：

```
<HJC1>display vrrp brief
```

VRID	State	Interface	Type	Virtual IP
1	Master	Vlanif1	Normal	192.168.254.254
4	Master	Vlanif4	Normal	192.168.4.254
5	Backup	Vlanif5	Normal	192.168.5.254
6	Backup	Vlanif6	Normal	192.168.6.254

Total:4　Master:2　Backup:2　Non–active:0

从上面显示的信息中可以看到交换机 HJC1 作为 vlan1 和 vlan4 的 Master（主路由器），作为 vlan1 和 vlan4 的 Backup（备份路由器）。

在交换机 HJC2 上通过 display vrrp brief 显示虚拟路由器的摘要信息：

```
[HJC2]display vrrp brief
```

VRID	State	Interface	Type	Virtual IP
1	Backup	Vlanif1	Normal	192.168.254.254
4	Backup	Vlanif4	Normal	192.168.4.254
5	Master	Vlanif5	Normal	192.168.5.254
6	Master	Vlanif6	Normal	192.168.6.254

Total:4　Master:2　Backup:2　Non–active:0

从上面显示的信息中可以看到交换机 HJC2 作为 vlan1 和 vlan4 的 Backup（备份路由器），作为 vlan1 和 vlan4 的 Master（主路由器）。

在交换机 HJC1 上通过 display vrrp 可以查看 vrrp 的详细信息：

<HJC1>display vrrp

```
Vlanif1 | Virtual Router 1
    State : Master
    Virtual IP : 192.168.254.254
    Master IP : 192.168.254.1
    PriorityRun : 120
    PriorityConfig : 120
    MasterPriority : 120
    Preempt : YES   Delay Time : 2 s
    TimerRun : 1 s
    TimerConfig : 1 s
    Auth type : MD5   Auth key : wm}"RaT4w9EBi%T]n/.IJ~%#
    Virtual MAC : 0000-5e00-0101
    Check TTL : YES
    Config type : normal-vrrp
    Track IF : GigabitEthernet0/0/1   Priority reduced : 10
    IF state : UP
    Create time : 2018-04-22 17:46:53 UTC-08:00
    Last change time : 2018-04-22 17:46:56 UTC-08:00
```

从上面显示的信息中，可以看到交换机 HJC1 在 vlanif1 中的状态为 Master，虚拟出的 IP 地址为 192.168.254.254，由 192.168.254.1 作为 Master 角色，优先级为 120，允许了抢占模式，延迟时间为 2s；使用 MD5 验证方法；使用的是正常的 vrrp 配置类型；vrrp 正在监控 GigabitEthernet0/0/1。

【知识补充】

一、VRRP

VRRP（Virtual Router Redundancy Protocol，虚拟路由冗余协议）是用于实现路由器冗余的协议，最新协议在 RFC 3768 中定义。VRRP 对共享多存储访问介质（如以太网）上终端 IP 设备的默认网关（Default Gateway）进行冗余备份，从而在其中一台路由设备死机时，备份路由设备及时接管转发工作，向用户提供透明的切换，提高了网络服务质量。

如图 4-14 所示，虚拟路由冗余协议配置结束后，正常情况下，SwitchA 为 Master 设备并承担业务转发任务，SwitchB 和 SwitchC 为 Backup 设备不承担业务转发。如果 SwitchA 发生故障，SwitchB 和 SwitchC 会根据优先级选举新的 Master 设备，继续为主机转发数据，实现网关备份的功能。

1. VRRP 定义

VRRP 路由器：是指运行 VRRP 的路由器，是物理实体。

虚拟路由器：由 VRRP 创建的，是逻辑概念。

主控路由器和备份路由器：一个 VRRP 组中有且只有一台处于主控角色的路由器，可以有一个或者多个处于备份角色的路由器。

2. VRRP 选举策略

VRRP 使用选举策略从路由器组中选出一台作为主控，负责 ARP 响应和转发 IP 数据包，组中的其他路由器作为备份的角色处于待命状态。

VRRP 的路由器都会发送和接收 VRRP 通告消息：VRRP 优先级和接口的 IP 地址。

VRRP 选举步骤：

步骤 1：在路由器中是否有虚拟 IP 拥有者（虚拟 IP 和真实 IP 地址相同）。

有：此路由器直接成为 MASTER 路由器。

无：开始选举步骤。

步骤 2：路由器的优先级是否相同，默认优先级为 100。

优先级不同：路由器优先级最高的成为 MASTER 路由器。

优先级相同：比较 IP 地址大小。

步骤 3：IP 地址最大的成为 MASTER 路由器。

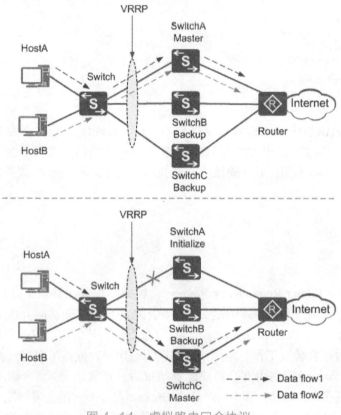

图 4-14　虚拟路由冗余协议

3. VRRP 组标识

每个 VRRP 组中的路由器都有唯一的标识，VRID 范围为 0 ~ 255，这个范围决定运行 VRRP 的路由器属于哪一个 VRRP 组。VRRP 组中的虚拟路由器对外表现为唯一的虚拟 MAC 地址，地址格式为 00-00-5E-00-01-[VRID]。

4. VRRP 控制报文

VRRP 控制报文只有一种：VRRP 通告（Advertisement）。它使用 IP 多播数据包进行封装，组地址为 224.0.0.18，发布范围只限于同一局域网内。IP 号为 112；IP 包的 TTL 值必须为 255。

5. VRRP 路由器状态

组成虚拟路由器的路由器会有 3 种状态：

　　Initialize：系统启动后进入 Initialize 状态，此时，路由器不对 VRRP 报文做任何处理。当接口收到 UP 消息后，进入 Backup 或 Master 状态。

　　Master：路由器会发送 VRRP 通告，发送免费 ARP 报文。

　　Backup：接受 VRRP 通告。

二、VRRP 实现多网关负载分担

　　通过创建多个带虚拟 IP 地址的 VRRP 备份组，为不同的用户指定不同的 VRRP 备份组作为网关，实现负载分担。

　　VRRP 备份组 1：SwitchA 为 Master 设备，SwitchB 为 Backup 设备。VRRP 备份组 2：SwitchB 为 Master 设备，SwitchA 为 Backup 设备。具体如图 4-15 所示。

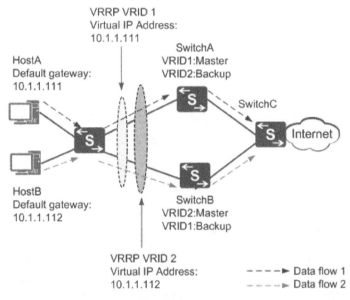

图 4-15　多网关负载分担

　　一部分用户将 VRRP 备份组 1 作为网关，另一部分用户将 VRRP 备份组 2 作为网关。这样既可实现对业务流量的负载分担，同时，也起到了相互备份的作用。

　　配置如下：SwitchA 在 vrid 1 中虚拟 IP 地址为 10.1.1.111，优先级为 120，在 vrid 2 中虚拟 IP 地址为 10.1.1.112，优先级为默认。

[SwitchA-Vlanif1]vrrp vrid 1 virtual-ip 10.1.1.111

[SwitchA-Vlanif1]vrrp vrid 1 priority 120

[SwitchA-Vlanif1]vrrp vrid 1 track interface GigabitEthernet 0/0/1

[SwitchA-Vlanif1]vrrp vrid 1 preempt-mode timer delay 2

[SwitchA-Vlanif1]vrrp vrid 1 authentication-mode md5 sjzwl

[SwitchA-Vlanif1]vrrp vrid 2 virtual-ip 10.1.1.112

　[SwitchA-Vlanif1]vrrp vrid 2 track interface GigabitEthernet 0/0/1

[SwitchA-Vlanif1]vrrp vrid 2 preempt-mode timer delay 2

[SwitchA-Vlanif1]vrrp vrid 2 authentication-mode md5 sjzwl

　　SwitchB 在 vrid 1 中虚拟 IP 地址为 192.168.254.254，优先级为 120，在 vrid 2 中虚拟 IP 地址为 192.168.254.253，优先级为默认优先级。

[SwitchB-Vlanif1]vrrp vrid 1 virtual-ip 10.1.1.111

　[SwitchB-Vlanif1]vrrp vrid 1 track interface GigabitEthernet 0/0/1

[SwitchB-Vlanif1]vrrp vrid 1 preempt-mode timer delay 2

[SwitchB-Vlanif1]vrrp vrid 1 authentication-mode md5 sjzwl

[SwitchB-Vlanif1]vrrp vrid 2 virtual-ip 10.1.1.112

[SwitchB-Vlanif1]vrrp vrid 2 priority 120

[SwitchB-Vlanif1]vrrp vrid 2 track interface GigabitEthernet 0/0/1

[SwitchB-Vlanif1]vrrp vrid 2 preempt-mode timer delay 2

[SwitchB-Vlanif1]vrrp vrid 2 authentication-mode md5 sjzwl

这两台交换机配置完成后，vlan1 中 PC 一半的网关指向 10.1.1.111，另一半的网关指向 10.1.1.112，这样前一半的 PC 访问网络时会通过 HJC1，后一半的 PC 访问网络会通过 HJC2。

 任务 4 SSH 安全配置

【任务描述】

网络工程师老乔对企业网络中交换机和路由器配置 Console 口安全登录和 SSH 远程登录。设置用户 admin 的密码为 Huawei@123，配置用户级别为 15 级，用于 Console 口登录认证。设置用户 client 的密码为 Huawei@123，配置用户级别为 15 级，用于 SSH 登录认证。

【任务分析】

企业中的网络设备有些放置在数据中心，有些可能放置在各楼层的小机柜中，存在被非授权用户物理接触的可能性，这样就有可能造成安全风险。所以通过配置 Console 口安全登录能防止非授权用户通过 Console 口配置交换机和路由器；这样通过配置 SSH 远程登录远程访问交换机和路由器传输的数据是加密的，即使被非授权用户获取，网络设备配置信息也不会泄露。

【任务实施】

一、配置 Console 口安全登录

以 HJC1 为例，在所有路由器和交换机上配置 Console 口登录认证，认证方式为本地认证：

[HJC1] user-interface console 0

设置 Console 用户认证方式为 AAA 认证：

[HJC1-ui-console0] authentication-mode aaa

[HJC1-ui-console0] quit

进入 AAA 视图：

[HJC1] aaa

创建名为 admin 的本地用户，设置其登录密码为 Huawei@123：

[HJC1-aaa] local-user admin password irreversible-cipher Huawei@123

配置用户级别为 15 级：

[HJC1-aaa] local-user admin privilege level 15

配置接入类型为 terminal，即用于 Console 用户登录验证：

[HJC1-aaa] local-user admin service-type terminal
[Switch-aaa] quit

　　AAA 的认证模式默认为本地认证反射。用户等级是华为分配不同权限等级，从 0～15，数字越大级别越高，能进行的管理配置越多。

二、配置 STelnet 远程登录

以交换机 JRC1-1 为例，配置用户通过 STelnet 登录设备。

在 SSH 服务器端生成本地密钥对，实现在服务器端和客户端进行安全的数据交互：

[JRC1-1]dsa local-key-pair create
Info: The key name will be: JRC1-1_Host_DSA.
Info: The key modulus can be any one of the following : 512, 1024, 2048.
Info: If the key modulus is greater than 512, it may take a few minutes.
Please input the modulus [default=512]:2048
Info: Generating keys...
Info: Succeeded in creating the DSA host keys.

配置 VTY 用户界面：

[JRC1-1]user-interface vty 0 4
[JRC1-1-ui-vty0-4]authentication-mode aaa
[JRC1-1-ui-vty0-4]protocol inbound ssh

在 SSH 服务器端启动 AAA 认证：

[JRC1-1]aaa

配置 SSH 用户 client 密码为 Huawei@123：

[JRC1-1-aaa]local-user client password cipher Huawei@123

配置 SSH 用户 client 特权等级为 15：

[JRC1-1-aaa]local-user client privilege level 15

配置 SSH 用户 client 服务类型为 ssh：

[JRC1-1-aaa]local-user client service-type ssh
[JRC1-1-aaa]quit

在 SSH 服务器端开启 STelnet 服务功能：

[JRC1-1]stelnet server enable

在 SSH 服务器端配置 SSH 用户 client 服务方式为 STelnet：

[JRC1-1]ssh user client authentication-type password

设置 SSH 用户服务类型为 stelnet：

[JRC1-1]ssh user client service-type stelnet

设置 SSH 服务端口为 40000：

[JRC1-1]ssh server port 40000

设置 SSH 服务器验证失败重复次数为 3 次：

[JRC1-1]ssh server authentication-retries 3

在 PC 端能 ping 通交换机 192.168.254.10 的前提下，用 SSH 服务器软件 putty 登录服务器，如图 4-16 所示。

图 4-16　SSH 客户端登录

显示 SSH 服务器状态：

[JRC1-1]display ssh server status

SSH version	:1.99
SSH connection timeout	:60 seconds
SSH server key generating interval	:0 hours
SSH authentication retries	:3 times
SFTP server	:Disable
Stelnet server	:Enable
Scp server	:Disable
SSH server port	:40000

从上面的消息中可以看到 SSH 的版本为 1.99，SSH 重试次数为 3 次，STelnet 服务器为允许，SSH 服务器端口为 40000。

显示 SSH 用户信息：

[JRC1-1]display ssh user-information

User 1:

User Name	: client
Authentication-type	: password
User-public-key-name	: -
User-public-key-type	: -
Sftp-directory	: -
Service-type	: stelnet
Authorization-cmd	: No

从上面显示的用户信息中可以看到用户名 client 验证类型为密码，服务类型为 Stelnet。

【知识补充】

一、AAA

AAA 是一种管理框架，它提供了授权部分用户去访问特定资源，同时可以记录这些用户操作行为的一种安全机制，因其具有良好的可扩展性，并且容易实现用户信息的集中管理而被广泛使用。AAA 是 Authentication（认证）、Authorization（授权）和 Accounting（计费）的简称，是网络安全的一种管理机制，提供了认证、授权、计费 3 种安全功能。这 3 种安全功能的具体作用如下：

1. 认证

认证：验证用户是否可以获得网络访问权，AAA 支持以下认证方式：

不认证：对用户非常信任，不对其进行合法检查，一般情况下不采用这种方式。

本地认证：将用户信息配置在设备上。本地认证的优点是速度快，可以为运营降低成本，缺点是存储信息量受设备硬件条件限制。

远端认证：将用户信息配置在认证服务器上。支持远程认证拨号用户服务协议 RADIUS、华为终端访问控制器控制系统协议 HWTACACS。

2. 授权

授权是授权用户可以使用哪些服务，AAA 支持以下授权方式：

不授权：不对用户进行授权处理。

本地授权：根据设备为本地用户账号配置的相关属性进行授权。

HWTACACS 授权：由 HWTACACS 服务器对用户进行授权。

RADIUS 授权：由 RADIUS 服务器对用户进行授权。

if-authenticated 授权：适用于用户必须认证且认证过程与授权过程可分离的场景。

3. 计费

计费：记录用户使用网络资源的情况，AAA 支持以下计费方式：

不计费：不对用户计费。

远端计费：支持通过 RADIUS 服务器或 HWTACACS 服务器进行远端计费。

AAA 服务器目前有 RADIUS（Remote Authentication Dial In User Service）服务器、HWTACACS（Huawei Terminal Access Controller Access Control System）服务器。AAA 服务器连接如图 4-17 所示。

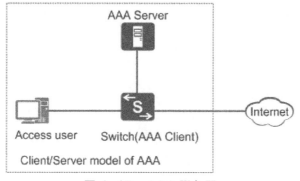

图 4-17　AAA 服务器

用户可以只使用 AAA 提供的一种或多种安全服务。例如，公司仅想让员工在访问某些特定资源的时候进行身份认证，那么网络管理员只要配置认证服务器即可。但是若希望对员工使用网络的情况进行记录，那么还需要配置计费服务器。

AAA 可以通过多种协议来实现，目前设备支持基于 RADIUS 或 HWTACACS 方式来实现 AAA, 在实际应用中, 最常使用 RADIUS。

二、Console 口登录认证

配置 Console 用户界面的认证方式为 AAA 认证, 并创建本地用户。

三、SSH 协议支持认证

SSH Server 支持密码认证和 Public-Key 认证, 只有通过认证的用户才能登录设备, 进入命令行界面。客户端和 SSH 服务器连接图如图 4-18 所示。

图 4-18　SSH 连接示意图

支持关闭服务: 当开启 SSH Server 服务器时, 设备将开启 Socket 服务, 易被攻击者扫描。当不使用 SSH Server 时, 可以关闭 SSH Server。

支持变更端口号: SSH Server 22 号端口属于知名端口号, 易被扫描和攻击。可以修改 SSH Server 的端口为私有端口, 减小被扫描攻击的概率。

支持 ACL: 在用户界面视图 (user-interface) 可以配置各个 VTY 通道的 ACL 过滤规则, 通过 ACL 控制允许登录的客户端 IP。

支持配置 SSH 服务器源端口: 在默认情况下, SSH 服务器端接收来自所有接口的登录连接请求, 系统安全性比较低。为了提高系统安全性, 可通过本命令指定 SSH 服务器端的源接口, 增加登录受限功能, 仅授权客户可以登录服务器。成功指定 SSH 服务器端的源接口后, 系统只允许 SSH 用户通过指定的源接口登录服务器, 通过其他接口登录的 SSH 用户都将被拒绝。但不会影响已登录到服务器的 SSH 用户, 只限制后续登录的 SSH 用户。

四、攻击 SSH 方法介绍

暴力破解密码: 攻击者在侦听到 SSH 端口后, 尝试进行连接, 设备提示认证, 其会进行暴力破解尝试通过认证, 获取访问权限。

拒绝服务式攻击: SSH Server 支持的用户数有限, 在用户登录达到上限后, 其他用户将无法登录。这个可能是正常使用造成的, 也可能是攻击者造成的。

任务 5　DHCP 服务安全配置

【任务描述】

网络工程师老乔在汇聚层交换机启动 DHCP 服务, 配置地址池, 为 vlan4、vlan5、vlan6 和 vlan7 中的用户提供动态主机 IP 地址分配, 并为不同 vlan 中用户分配相应的网关 IP 地址和 DNS IP 地址。在接入层交换机上启动 DHCP Snooping, 保证非法接入的 DHCP 服务器不会扰乱正常的 IP 地址分配。

【任务分析】

为了简化管理员对内网用户设置 IP 地址的管理需求, 把管理员从频繁的 IP 地址配置中解放出来, 在汇聚层交换机上启动 DHCP 服务, 为 PC 自动分配 IP 地址、网关地址和 DNS 服务器地址等信息。在接入层交换机上启动 DHCP Snooping 是为了防止内网出现未经授权的

DHCP 服务器或者某些病毒的攻击。

【任务实施】

一、启动 DHCP 服务

以交换机 HJC1 为例，在 vlan4 中启动 DHCP 服务，为 PC 提供的网关地址为 192.168.4.254、排除 IP 地址范围为 192.168.4.1 和 192.168.4.2、租期为 3 天、DNS 服务器地址为 8.8.8.8。

使能 DHCP 服务：

[HJC1]dhcp enable

创建地址池：

[HJC1]ip pool vlan4

配置分配的网段：

[HJC1-ip-pool-vlan4]network 192.168.4.0 mask 255.255.255.0

配置 DNS 服务器地址：

[HJC1-ip-pool-vlan4]dns-list 8.8.8.8

配置网关 IP 地址：

[HJC1-ip-pool-vlan4]gateway-list 192.168.4.254

排除的地址范围：

[HJC1-ip-pool-vlan4]excluded-ip-address 192.168.4.1 192.168.4.2

定义租约时间为 3 天：

[HJC1-ip-pool-vlan4]lease day 3
[HJC1-ip-pool-vlan4]quit

配置 DHCP 服务器分配 IP 地址前 ping 的次数：

[HJC1]dhcp server ping packet 2

配置 vlan4 上的 DHCP 服务使用全局的 DHCP 地址池：

[HJC1]interface Vlanif 4
[HJC1-Vlanif4]dhcp select global
[HJC1-Vlanif4]quit

配置 DHCP 数据保存功能：

[HJC1]dhcp server database enable

小知识

设备发生故障时，可以在系统重启后，执行命令 dhcp server database recover，从存储设备文件恢复 DHCP 数据。

显示 IP 地址池：

[HJC1]display ip pool name vlan4
    Pool-name   : vlan4
    Pool-No   : 0
    Lease   : 3 Days 0 Hours 0 Minutes
    Domain-name   : -
    DNS-server0   : 8.8.8.8
    NBNS-server0   : -

Netbios-type　　　　: –
Position　　　　　　: Local　　　　Status　　　　: Unlocked
Gateway-0　　　　　: 192.168.4.254
Mask　　　　　　　: 255.255.255.0
VPN instance　　　　: —

Start	End	Total	Used	Idle(Expired)	Conflict	Disable
192.168.4.1	192.168.4.254	253	2	249(0)	0	2

从上面的信息中可以看到地址池名为 vlan4，租约时间为 3 天，DNS 服务器地址为 8.8.8.8，网关为 192.168.4.254，子网掩码为 255.255.255.0，地址池范围为 192.168.4.1 ～ 192.168.4.254，可用的有 249 个，不可用 2 个。

二、启动 DHCP Snooping 功能

以接入层交换机 JRC1-1 为例，演示启动 DHCP Snooping 功能，把上行接口 GE0/0/1 和 GE0/0/2 设置为信任接口（连接 DHCP 服务器的接口），接口 E0/0/1 ～ E0/0/22 启动 DHCP Snooping：

[JRC1-1]dhcp enable

使能全局 DHCP Snooping 功能并配置设备仅处理 DHCPv4 报文：

[JRC1-1]dhcp snooping enable ipv4

以上行接口 GE0/0/1 为例进行配置，使能 DHCP Snooping 信任功能，允许此接口直接或间接连接 DHCP 服务器。接口 GE0/0/2 与 GE0/0/1 接口完全相同，不再赘述：

[JRC1-1]interface GigabitEthernet0/0/1
[JRC1-1-GigabitEthernet0/0/1]dhcp snooping trusted

以接口 E0/0/1 为例进行配置，使能用户侧接口的 DHCP Snooping 功能。接口 E0/0/2 ～ E0/0/22 的配置与 E0/0/1 接口完全相同，不再赘述：

[JRC1-1-Ethernet0/0/1]dhcp snooping enable

检测 DHCP Request 报文中的 GIADDR 字段是否非零。以 GE0/0/1 接口为例，GE0/0/2 的配置与 GE0/0/1 接口相同，不再赘述：

[JRC1-1-Ethernet0/0/1]dhcp snooping check dhcp-giaddr enable

使能 ARP 与 DHCP Snooping 的联动功能：

[JRC1-1]arp dhcp-snooping-detect enable

配置 DHCP 报文上送 DHCP 报文处理单元的最大允许速率并使能丢弃报文告警功能：

[JRC1-1]dhcp snooping check dhcp-rate enable

配置 DHCP 报文上送 DHCP 报文处理单元的最大允许速率为 90pps：

[JRC1-1]dhcp snooping check dhcp-rate rate 90

使能丢弃报文告警功能，并配置报文限速告警阈值：

[JRC1-1]dhcp snooping alarm dhcp-rate enable
[JRC1-1]dhcp snooping alarm dhcp-rate threshold 500

在用户侧接口进行配置。以 GE0/0/1 接口为例，GE0/0/2 的配置与 GE0/0/1 接口相同，不再赘述。使能对 DHCP 报文进行绑定表匹配检查的功能：

[JRC1-1-Ethernet0/0/1]dhcp snooping check dhcp-request enable

使能与绑定表不匹配而被丢弃的 DHCP 报文数达到阈值时产生告警信息的功能：

```
[JRC1-1-Ethernet0/0/1]dhcp snooping alarm dhcp-request enable
[JRC1-1-Ethernet0/0/1]dhcp snooping alarm dhcp-request threshold 120
```

配置接口允许接入的最大用户数：

```
[JRC1-1-Ethernet0/0/1]dhcp snooping max-user-number 2
```

使能对 CHADDR 字段检查的功能：

```
[JRC1-1-Ethernet0/0/1]dhcp snooping check dhcp-chaddr enable
```

使能对 CHADDR 字段告警的功能：

```
[JRC1-1-Ethernet0/0/1]dhcp snooping alarm dhcp-chaddr enable
```

使能数据帧头 MAC 地址与 DHCP 报文中的 CHADDR 字段不一致被丢弃的报文达到阈值时产生告警信息的功能：

```
[JRC1-1-Ethernet0/0/1]dhcp snooping alarm dhcp-chaddr threshold 120
```

查看 DHCP Snooping 的配置信息：

```
[JRC1-1]display dhcp snooping configuration
#
dhcp snooping enable ipv4
dhcp snooping check dhcp-rate enable
dhcp snooping check dhcp-rate 90
dhcp snooping alarm dhcp-rate enable
dhcp snooping alarm dhcp-rate threshold 500
arp dhcp-snooping-detect enable
#
interface Ethernet0/0/1
 dhcp snooping enable
 dhcp snooping check dhcp-giaddr enable
 dhcp snooping check dhcp-request enable
 dhcp snooping alarm dhcp-request enable
 dhcp snooping alarm dhcp-request threshold 120
 dhcp snooping check dhcp-chaddr enable
 dhcp snooping alarm dhcp-chaddr enable
 dhcp snooping alarm dhcp-chaddr threshold 120
 dhcp snooping max-user-number 2
#
```

执行命令 display dhcp snooping interface，查看接口下的 DHCP Snooping 运行信息。可以看到 Check dhcp-giaddr、Check dhcp-chaddr 和 Check dhcp-request 字段都为 Enable。以接口 GE0/0/1 的回显为例：

```
[JRC1-1]display dhcp snooping interface e0/0/1
 DHCP snooping running information for interface Ethernet0/0/1 :
 DHCP snooping                        : Enable
 Trusted interface                    : No
 Dhcp user max number                 : 2
 Current dhcp user number             : 0
 Check dhcp-giaddr                    : Enable
 Check dhcp-chaddr                    : Enable
 Alarm dhcp-chaddr                    : Enable
 Alarm dhcp-chaddr threshold          : 120
 Discarded dhcp packets for check chaddr : 0
```

Check dhcp–request	: Enable
Alarm dhcp–request	: Enable
Alarm dhcp–request threshold	: 120
Discarded dhcp packets for check request	: 0
Check dhcp–rate	: Disable (default)
Alarm dhcp–rate	: Disable (default)
Alarm dhcp–rate threshold	: 500
Discarded dhcp packets for rate limit	: 0
Alarm dhcp–reply	: Disable (default)

【知识补充】

一、DHCP Snooping

DHCP Snooping 是 DHCP（动态主机分配协议）的一种安全特性，用于保证 DHCP 客户端从合法的 DHCP 服务器获取 IP 地址，并记录 DHCP 客户端 IP 地址与 MAC 地址等参数的对应关系，防止网络上针对 DHCP 攻击。

目前 DHCP 在应用的过程中遇到很多安全方面的问题，网络中存在一些针对 DHCP 的攻击，如 DHCP Server 仿冒者攻击、DHCP Server 的拒绝服务攻击、仿冒 DHCP 报文攻击等。

为了保证网络通信业务的安全性，可引入 DHCP Snooping 技术，在 DHCP Client 和 DHCP Server 之间建立一道防火墙，以抵御网络中针对 DHCP 的各种攻击。

1. DHCP Snooping 的基本原理

DHCP Snooping 分为 DHCPv4 Snooping 和 DHCPv6 Snooping，两者实现原理相似，以下以 DHCPv4 Snooping 为例进行描述。

使能了 DHCP Snooping 的交换机将 DHCP 客户端的 DHCP 请求报文通过信任接口发送给合法的 DHCP 服务器。交换机根据 DHCP 服务器回应的 DHCP ACK 报文信息生成 DHCP Snooping 绑定表，交换机再从使能了 DHCP Snooping 的接口接收用户发来的 DHCP 报文时，会进行匹配检查，能够有效防范非法用户的攻击。

网络中如果存在私自架设的 DHCP Server 仿冒者，则可能导致 DHCP 客户端获取错误的 IP 地址和网络配置参数，无法正常通信。DHCP Snooping 信任功能可以控制 DHCP 服务器应答报文的来源，以防止网络中可能存在的 DHCP Server 仿冒者为 DHCP 客户端分配 IP 地址及其他配置信息。

DHCP Snooping 信任功能：DHCP Snooping 的信任功能，能够保证客户端从合法的服务器获取 IP 地址。DHCP Snooping 信任功能将接口分为信任接口和非信任接口：信任接口正常接收 DHCP 服务器响应的 DHCP ACK、DHCP NAK 和 DHCP Offer 报文。交换机只会将 DHCP 客户端的 DHCP 请求报文通过信任接口发送给合法的 DHCP 服务器。

非信任接口在接收到 DHCP 服务器响应的 DHCP ACK、DHCP NAK 和 DHCP Offer 报文后，丢弃该报文。

在二层网络接入设备使能 DHCP Snooping 场景中，一般将与合法 DHCP 服务器直接或间接连接的接口设置为信任接口（见图 4-19 中的 if1 接口），其他接口设置为非信任接口（见图 4-19 中的 if2 接口），使 DHCP 客户端的 DHCP 请求报文仅能从信任接口转发出去，从而保证 DHCP 客户端只能从合法的 DHCP 服务器获取 IP 地址，私自架设的 DHCP Server 仿冒者无法为 DHCP 客户端分配 IP 地址。

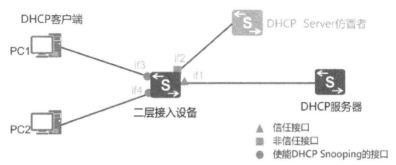

图 4-19　DHCP 信任接口和非信任接口

DHCP Snooping 绑定表：在如图 4-20 所示的 DHCP 场景中，连接在二层接入设备上的 PC 配置为自动获取 IP 地址。PC 作为 DHCP 客户端通过广播形式发送 DHCP 请求报文，使能了 DHCP Snooping 功能的二层接入设备将其通过信任接口转发给 DHCP 服务器。最后 DHCP 服务器将含有 IP 地址信息的 DHCP ACK 报文通过单播的方式发送给 PC。在这个过程中，二层接入设备收到 DHCP ACK 报文后，会从该报文中提取关键信息（包括 PC 的 MAC 地址以及获取到的 IP 地址、地址租期），并获取与 PC 连接的使能了 DHCP Snooping 功能的接口信息（包括接口编号及该接口所属的 VLAN），根据这些信息生成 DHCP Snooping 绑定表。以 PC1 为例，图 4-20 中二层接入设备从 DHCP ACK 报文提取到的 IP 地址信息为 192.168.1.253，MAC 地址信息为 MACA。再获取与 PC 连接的接口信息为 if3，根据这些信息生成一条 DHCP Snooping 绑定表项。

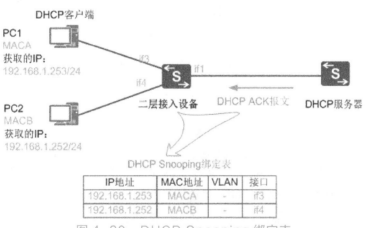

图 4-20　DHCP Snooping 绑定表

DHCP Snooping 绑定表根据 DHCP 租期进行老化或根据用户释放 IP 地址时发出的 DHCP Release 报文自动删除对应表项。由于 DHCP Snooping 绑定表记录了 DHCP 客户端 IP 地址与 MAC 地址等参数的对应关系，故通过对报文与 DHCP Snooping 绑定表进行匹配检查，能够有效防范非法用户的攻击。

为了保证设备在生成 DHCP Snooping 绑定表时能够获取到用户 MAC 等参数，DHCP Snooping 功能须应用于二层网络中的接入设备或第一个 DHCP 中继上。

在 DHCP 中继使能 DHCP Snooping 场景中，DHCP 中继设备不需要设置信任接口。因为 DHCP Relay 收到 DHCP 请求报文后进行源目的 IP、MAC 转换处理，然后以单播形式发送给指定的合法 DHCP 服务器，所以 DHCP Relay 收到的 DHCP ACK 报文都是合法的，生成的 DHCP Snooping 绑定表也是正确的。

二、DHCP 攻击及防御攻击原理

1. 防止 DHCP Server 仿冒者攻击导致用户获取到错误的 IP 地址和网络参数

攻击原理：由于 DHCP Server 和 DHCP Client 之间没有认证机制，所以如果在网络上随意添加一台 DHCP 服务器，它就可以为客户端分配 IP 地址以及其他网络参数。如果该 DHCP 服务器为用户分配错误的 IP 地址和其他网络参数，将会对网络造成非常大的危害。

DHCP Discover 报文是以广播形式发送的，无论是合法的 DHCP Server，还是非法的 DHCP Server 都可以接收到 DHCP Client 发送的 DHCP Discover 报文。

2. 防止非 DHCP 用户攻击导致合法用户无法正常使用网络

攻击原理：在 DHCP 网络中，静态获取 IP 地址的用户（非 DHCP 用户）对网络可能存在多种攻击，譬如仿冒 DHCP Server、构造虚假 DHCP Request 报文等。这将为合法 DHCP 用户正常使用网络带来一定的安全隐患。

防御原理：为了有效防止非 DHCP 用户攻击，可开启设备根据 DHCP Snooping 绑定表生成接口的静态 MAC 表项功能。之后，设备将根据接口下所有的 DHCP 用户对应的 DHCP Snooping 绑定表项自动执行命令生成这些用户的静态 MAC 表项，并同时关闭接口学习动态 MAC 表项的能力。此时，只有源 MAC 与静态 MAC 表项匹配的报文才能够通过该接口，否则报文会被丢弃。因此对于该接口下的非 DHCP 用户，只有管理员手动配置了此类用户的静态 MAC 表项其报文才能通过，否则报文将被丢弃。动态 MAC 表项是设备自动学习并生成的，静态 MAC 表项则是根据命令配置而成的。MAC 表项中包含用户的 MAC、所属 VLAN、连接的接口号等信息，设备可根据 MAC 表项对报文进行二层转发。

3. 防止 DHCP 报文泛洪攻击导致设备无法正常工作

攻击原理：在 DHCP 网络环境中，若攻击者短时间内向设备发送大量的 DHCP 报文，则会对设备的性能造成巨大的冲击以致设备无法正常工作。

防御原理：为了有效地防止 DHCP 报文泛洪攻击，在使能设备的 DHCP Snooping 功能时，可同时使能设备对 DHCP 报文上送 DHCP 报文处理单元的速率进行检测的功能。此后，设备将会检测 DHCP 报文的上送速率，并仅允许在规定速率内的报文上送至 DHCP 报文处理单元，而超过规定速率的报文将会被丢弃。

4. 防止仿冒 DHCP 报文攻击导致合法用户无法获得 IP 地址或异常下线

攻击原理：已获取到 IP 地址的合法用户通过向服务器发送 DHCP Request 或 DHCP Release 报文用以续租或释放 IP 地址。如果攻击者冒充合法用户不断向 DHCP Server 发送 DHCP Request 报文来续租 IP 地址，会导致这些到期的 IP 地址无法正常回收，以致一些合法用户不能获得 IP 地址；而若攻击者仿冒合法用户的 DHCP Release 报文发往 DHCP Server，将会导致用户异常下线。

防御原理：为了有效防止仿冒 DHCP 报文攻击，可利用 DHCP Snooping 绑定表的功能。设备通过将 DHCP Request 续租报文和 DHCP Release 报文与绑定表进行匹配操作能够有效地判别报文是否合法（主要是检查报文中的 VLAN、IP、MAC、接口信息是否匹配动态绑定表），若匹配成功则转发该报文，匹配不成功则丢弃。

5. 防止 DHCP Server 服务拒绝攻击导致部分用户无法上线

攻击原理：交换机某接口下存在大量攻击者恶意申请 IP 地址，会导致 DHCP Server 中的 IP 地址快速耗尽而不能为其他合法用户提供 IP 地址分配服务。

通常 DHCP Server 仅根据 DHCP Request 报文中的 CHADDR（Client Hardware Address，客户硬件地址）字段来确认客户端的 MAC 地址。如果某一攻击者通过不断改变 CHADDR 字段向 DHCP Server 申请 IP 地址，则同样会导致 DHCP Server 上的地址池被耗尽，从而无法为其他正常用户提供 IP 地址。

防御原理：为了抑制大量 DHCP 用户恶意申请 IP 地址，在使能交换机的 DHCP Snooping 功能后，可配置交换机或接口允许接入的最大 DHCP 用户数，当接入的用户数达到该值时，不再允许任何用户通过此交换机或接口成功申请到 IP 地址。

对通过改变 DHCP Request 报文中的 CHADDR 字段方式的攻击，可使能交换机检测 DHCP Request 报文帧头 MAC 与 DHCP 数据区中的 CHADDR 字段是否一致的功能，此后交换机将检查上送的 DHCP Request 报文中的帧头 MAC 地址是否与 CHADDR 值相等，相等则转发，否则丢弃。

 任务6　攻击防范及 ARP 安全

【任务描述】

网络工程师老乔对企业网络中交换机使能畸形报文攻击防范、使能分片攻击防范和泛洪攻击防范。配置 ARP 表项严格学习、基于接口的 ARP 表项限制和配置网关静态绑定表等防范 ARP 攻击。

【任务分析】

现今企业的内部网络攻击日益增多，而通信协议本身的缺陷以及网络部署问题，造成企业网络中的交换机本身成为了攻击对象，针对交换机本身的攻击防范和 ARP 安全成为了企业网中必要的安全配置。

【任务实施】

一、配置攻击防范

以交换机 JRC1-1 为例，在所有的交换机上使能畸形报文攻击防范：

[JRC1-1]anti-attack abnormal enable

使能分片报文攻击防范，并限制分片报文接收的速率为 15 000bit/s：

[JRC1-1]anti-attack fragment enable

[JRC1-1]anti-attack fragment car cir 15000

使能泛洪攻击防范：

使能 TCP SYN 攻击防范，并限制 TCP SYN 报文接收的速率为 15 000bit/s：

[JRC1-1]anti-attack tcp-syn enable

[JRC1-1]anti-attack tcp-syn car cir 15000

使能 UDP 泛洪攻击防范，对特定端口发送的 UDP 报文直接丢弃：

[JRC1-1]anti-attack udp-flood enable

使能 ICMP 泛洪攻击防范，并限制 ICMP 泛洪报文接收的速率为 15 000bit/s：

[JRC1-1]anti-attack icmp-flood enable

[JRC1-1]anti-attack icmp-flood car cir 15000

配置完成后，可以通过执行命令 display anti-attack statistics 查看报文攻击防范的统计数据：

[JRC1-1]display anti-attack statistics

Packets Statistic Information:

AntiAtkType	TotalPacketNum		DropPacketNum		ssPacketNum	
	(H)	(L)	(H)	(L)	(H)	(L)
URPF	0	0	0	0	0	0
Abnormal	0	0	0	0	0	0
Fragment	0	0	0	0	0	0
Tcp-syn	0	0	0	0	0	0
Udp-flood	34	0	21	0	13	0
Icmp-flood	0	0	0	0	0	0

由显示信息可知，SwitchA 上产生了 Udp-flood 报文的丢弃计数，表明攻击防范功能已经生效。

二、配置 ARP 安全

配置 ARP 表项的严格学习功能：

[JRC1-1]arp learning strict

配置 ARP 表项的固化模式为 fixed-mac 方式：

[JRC1-1]arp anti-attack entry-check fixed-mac enable

配置根据源 IP 地址进行 ARP Miss 消息限速：

arp-miss speed-limit source-ip maximum 20

配置基于接口的 ARP 表项限制：

[JRC1-1-Ethernet0/0/1]arp-limit vlan 1 maximum 20

配置网关静态绑定表：

[JRC1-1]user-bind static ip-address 192.168.254.254 mac-address 0000-0500-0101 vlan 1

经验分享

由于交换机有两条上行链路，所以配置网关静态绑定时，注意不要绑定到接口，否则会出现链路失败后，造成网关不能通过另一条连通的现象。虚拟路由器网关 MAC 地址可以通过命令 display arp 查看。

查看全局已经配置 ARP 表项的严格学习功能：

[JRC1-1]display arp learning strict

The global configuration:arp learning strict

Interface   LearningStrictState

Total:0

Force-enable:0

Force-disable:0

目前，网络的攻击日益增多，而通信协议本身的缺陷以及网络部署问题，导致网络攻击造成的影响越来越大。特别是对网络设备的攻击，将会导致设备或者网络瘫痪等严重后果。

一、攻击防范

攻击防范：攻击防范是一种重要的网络安全特性。它通过分析上送 CPU 处理的报文内容和行为，判断报文是否具有攻击特性，并配置对具有攻击特性的报文执行一定的防范措施。攻击防范针对上送 CPU 的不同类型攻击报文，采用丢弃或者限速的手段，以保障设备不受攻击的影响，使业务正常运行。攻击防范主要分为畸形报文攻击防范、分片报文攻击防范和泛洪攻击防范。

1. 畸形报文攻击防范

畸形报文攻击是通过向目标设备发送有缺陷的 IP 报文，使得目标设备在处理这样的 IP 报文时出错和崩溃，给目标设备带来损失。畸形报文攻击防范是指设备实时检测出畸形报文并予以丢弃，实现对本设备的保护。

畸形报文攻击主要分为以下几类：

没有 IP 载荷的泛洪：如果 IP 报文只有 20 字节的 IP 报文头，没有数据部分，则认为是没有 IP 载荷的报文。攻击者经常构造只有 IP 头部没有携带任何高层数据的 IP 报文，目标设备在处理这些没有 IP 载荷的报文时会出错和崩溃，给设备带来损失。

IGMP 空报文：IGMP 报文是 20 字节的 IP 头加上 8 字节的 IGMP 报文体，总长度小于 28 字节的 IGMP 报文称为 IGMP 空报文。设备在处理 IGMP 空报文时会出错和崩溃，给目标设备带来损失。

LAND 攻击：LAND 攻击是攻击者利用 TCP 连接三次握手机制中的缺陷，向目标主机发送一个源地址和目的地址均为目标主机、源端口和目的端口相同的 SYN 报文，目标主机接收到该报文后，将创建一个源地址和目的地址均为自己的 TCP 空连接，直至连接超时。在这种攻击方式下，目标主机将会创建大量无用的 TCP 空连接，耗费大量资源，直至设备瘫痪。启用畸形报文攻击防范后，设备采用检测 TCP SYN 报文的源地址和目的地址的方法来避免 LAND 攻击。如果 TCP SYN 报文中的源地址和目的地址一致，则认为是畸形报文攻击，丢弃该报文。

Smurf 攻击：Smurf 攻击是指攻击者向目标网络发送源地址为目标主机地址、目的地址为目标网络广播地址的 ICMP 请求报文，目标网络中的所有主机接收到该报文后，都会向目标主机发送 ICMP 响应报文，导致目标主机收到过多报文而消耗大量资源，甚至导致设备瘫痪或网络阻塞。

TCP 标志位非法攻击：TCP 报文包含 6 个标识位：URG、ACK、PSH、RST、SYN、FIN，不同的系统对这些标识位组合的应答是不同的：

6 个标志位全部为 1，就是圣诞树攻击。设备在受到圣诞树攻击时，会造成系统崩溃。

SYN 和 FIN 同时为 1，如果端口是关闭的，则会使接收方应答一个 RST | ACK 消息；如果端口是打开的，则会使接收方应答一个 SYN | ACK 消息，这可用于主机探测（主机在线或者下线）和端口探测（端口打开或者关闭）。

6 个标识位全部为 0，如果端口是关闭的，则会使接收方应答一个 RST | ACK 消息，这可

以用于探测主机；如果端口是开放的，则 Linux 和 Unix 系统不会应答，而 Windows 系统将回答 RST | ACK 消息，这可以探测操作系统类型（Windows 系统、Linux 和 UNIX 系统等）。

设备在接收到没有载荷的 IP 报文时，接收到 IGMP 空报文时，检测 ICMP 请求报文的目标地址是否是广播地址或子网广播地址来避免 Smurf 攻击或检查 TCP 的各个标识位避免 TCP 标志位非法攻击，如果符合下面条件之一 :6 个标志位全部为 1；SYN 和 FIN 位同时为 1；6 个标志位全部为 0。如果检测到这 4 类报文，设备直接将其丢弃。

2. 分片报文攻击防范

分片报文攻击是通过向目标设备发送分片出错的报文，使得目标设备在处理分片错误报文时崩溃、重启或消耗大量的 CPU 资源，给目标设备带来损失。分片报文攻击防范是指设备实时检测出分片报文并予以丢弃或者限速处理，实现对本设备的保护。

分片报文攻击主要分为以下几类：

分片数量巨大攻击：IP 报文中的偏移量是以 8 字节为单位的。正常情况下，IP 报文的头部有 20 个字节，IP 报文的最大载荷为 65 515。对这些数据进行分片，分片个数最大可以达到 8189 片，对于超过 8189 的分片报文，设备在重组这些分片报文时会消耗大量的 CPU 资源。

巨大 Offset 攻击：攻击者向目标设备发送一个 Offset 值超大的分片报文，从而导致目标设备分配巨大的内存空间来存放所有分片报文，消耗大量资源。Offset 字段的最大取值为 65 528，但是在正常情况下，Offset 值不会超过 8190（如果 offset=8189×8，IP 头部长度为 20，最后一片报文最多只有 3 个字节 IP 载荷，所以正常 Offset 的最大值是 8189），所以如果 Offset 值超过 8190，则这种报文即为恶意攻击报文，设备直接丢弃。

重复分片攻击：重复分片攻击就是把同样的分片报文多次向目标主机发送，存在两种情况：多次发送的分片完全相同，这样会造成目标主机的 CPU 和内存使用不正常；多次发送的分片报文不相同，但 Offset 相同，目标主机就会处于无法处理的状态：哪一个分片应该保留，哪一个分片应该丢弃，还是都丢弃。这样就会造成目标主机的 CPU 和内存使用不正常。

Tear Drop 攻击：Tear Drop 攻击是最著名的 IP 分片攻击，原理是 IP 分片错误，第二片包含在第一片之中。即数据包中第二片 IP 包的偏移量小于第一片结束的位移，而且算上第二片 IP 包的 Data，也未超过第一片的尾部。

Ping of Death 攻击：Ping of Death 攻击原理是攻击者发送一些尺寸较大（数据部分长度超过 65 507 字节）的 ICMP 报文对设备进行攻击。设备在收到这样一个尺寸较大的 ICMP 报文后，如果处理不当，则会造成协议栈崩溃。

启用分片报文攻击防范后，针对分片数量巨大攻击，如果同一报文的分片数目超过 8189 个，则设备认为是恶意报文，丢弃该报文的所有分片；设备在收到分片报文时判断 Offset×8 是否大于 65 528，如果大于就当作恶意分片报文直接丢弃；对于重复分片类报文的攻击，设备实现对分片报文进行承诺访问限速，保留首片，丢弃其余所有相同的重复分片，保证不对 CPU 造成攻击。

3. 泛洪攻击防范

泛洪攻击是指攻击者在短时间内向目标设备发送大量的虚假报文，导致目标设备忙于应付无用报文，而无法为用户提供正常服务。

泛洪攻击防范是指设备实时检测出泛洪报文并予以丢弃或者限速处理，实现对本设备的保护。泛洪攻击主要分为 TCP SYN 泛洪攻击、UDP 泛洪攻击和 ICMP 泛洪攻击。

TCP SYN 泛洪攻击：TCP SYN 攻击利用了 TCP 3 次握手的漏洞。在 TCP 的 3 次握手期间，当接收端收到来自发送端的初始 SYN 报文时，向发送端返回一个 SYN+ACK 报文。接收端在等待发送端的最终 ACK 报文时，该连接一直处于半连接状态。如果接收端最终没有收到 ACK 报文包，则重新发送一个 SYN+ACK 到发送端。如果经过多次重试，发送端始终没有返回 ACK 报文，则接收端关闭会话并从内存中刷新会话，从传输第一个 SYN+ACK 到会话关闭大约需要 30s。在这段时间内，攻击者可能将数十万个 SYN 报文发送到开放的端口，并且不回应接收端的 SYN+ACK 报文。接收端内存很快就会超过负荷，且无法再接受任何新的连接，并将现有的连接断开。

设备对 TCP SYN 攻击处理的方法是在使能了 TCP SYN 泛洪攻击防范后对 TCP SYN 报文进行速率限制，保证受到攻击时设备资源不被耗尽。

UDP 泛洪攻击：UDP 泛洪攻击是指攻击者在短时间内向目标设备发送大量的 UDP 报文，导致目标设备负担过重而不能处理正常的业务。UDP 泛洪攻击分为以下两类：

Fraggle 攻击：Fraggle 攻击的原理是攻击者发送源地址为目标主机地址，目的地址为广播地址，目的端口号为 7 的 UDP 报文。如果该广播网络中有很多主机都启用了 UDP 响应请求服务，则目的主机将收到很多回复报文，造成系统繁忙，达到攻击效果。

UDP 诊断端口攻击：攻击者对 UDP 诊断端口（7–echo、13–daytime、19–Chargen 等 UDP 端口）发送报文，如果同时发送的数据包数量很大，则造成泛洪，影响网络设备的正常工作。

使能泛洪攻击防范功能后，设备将 UDP 端口为 7、13 和 19 的报文认为是攻击报文，直接丢弃。

ICMP 泛洪攻击：在通常情况下，网络管理员会用 ping 命令对网络进行监控和故障排除，大概过程如下：

1）源设备向接收设备发出 ICMP 响应请求报文。

2）接收设备接收到 ICMP 响应请求报文后，会向源设备回应一个 ICMP 应答报文。

如果攻击者向目标设备发送大量的 ICMP 响应请求报文，则目标设备会忙于处理这些请求，而无法继续处理其他数据报文，造成对正常业务的冲击。

设备针对 ICMP 泛洪攻击进行承诺访问限速，保证 CPU 不被攻击，保证网络的正常运行。

二、ARP 安全

ARP（Address Resolution Protocol）安全是针对 ARP 攻击的一种安全特性，它通过一系列对 ARP 表项学习和 ARP 报文处理的限制、检查等措施来保证网络设备的安全性。ARP 安全特性不仅能够防范针对 ARP 的攻击，还可以防范网段扫描攻击等基于 ARP 的攻击。

1. ARP 攻击方式

ARP 有简单、易用的优点，但是也因为其没有任何安全机制，容易被攻击者利用。在网络中，常见的 ARP 攻击方式主要包括：

ARP 泛洪攻击：也叫拒绝服务攻击 DoS（Denial of Service），主要存在这样两种场景：

设备处理 ARP 报文和维护 ARP 表项都需要消耗系统资源，同时为了满足 ARP 表项查询效率的要求，一般设备都会对 ARP 表项规模有规格限制。攻击者就利用这一点，通过伪造大量源 IP 地址变化的 ARP 报文，使得设备 ARP 表资源被无效的 ARP 条目耗尽，合法用户的 ARP 报文不能继续生成 ARP 条目，导致正常通信中断。

攻击者利用工具扫描本网段主机或者进行跨网段扫描时，会向设备发送大量目标 IP 地址不能解析的 IP 报文，导致设备触发大量 ARP Miss 消息，生成并下发大量临时 ARP 表项，并广播大量 ARP 请求报文以对目标 IP 地址进行解析，从而造成 CPU（Central Processing Unit）负荷过重。

ARP 欺骗攻击：是指攻击者通过发送伪造的 ARP 报文，恶意修改设备或网络内其他用户主机的 ARP 表项，造成用户或网络的报文通信异常。

ARP 攻击行为存在以下危害：造成网络连接不稳定，引发用户通信中断。利用 ARP 欺骗截取用户报文，进而非法获取游戏、网银、文件服务等系统的账号和密码，造成被攻击者重大利益损失。为了避免上述 ARP 攻击行为造成的各种危害，可以部署 ARP 安全特性。

2. 华为交换机解决 ARP 攻击方法

（1）配置 ARP 报文限速（根据源 MAC 地址）

设备处理大量源 MAC 地址相对固定的 ARP 报文会造成 CPU 繁忙，如果 ARP 报文的源 IP 地址同时不断变化，还会导致设备的 ARP 表资源被耗尽。

为了避免此问题，可以在网关设备上配置设备根据源 MAC 地址进行 ARP 报文限速。设备会对上送 CPU 的 ARP 报文根据源 MAC 地址进行统计，如果在 1s 内收到的同一个源 MAC 地址的 ARP 报文超过设定阈值（ARP 报文限速值），设备则丢弃超出阈值部分的 ARP 报文。

（2）配置 ARP 报文限速（根据源 IP 地址）

设备处理大量源 IP 地址相对固定的 ARP 报文（例如，同一个源 IP 地址的 ARP 报文对应的 MAC 地址或接口信息不断发生跳变），会造成 CPU 繁忙，影响到正常业务的处理。

为了避免此问题，可以在网关设备上配置设备根据源 IP 地址进行 ARP 报文限速。设备会对上送 CPU 的 ARP 报文根据源 IP 地址进行统计，如果在 1s 内收到的同一个源 IP 地址的 ARP 报文超过设定阈值（ARP 报文限速值），设备则丢弃超出阈值部分的 ARP 报文。

（3）配置 ARP 报文限速（针对全局、VLAN 和接口）

如果设备对收到的大量 ARP 报文全部进行处理，则可能导致 CPU 负荷过重而无法处理其他业务。因此，在处理之前，设备需要对 ARP 报文进行限速，以保护 CPU 资源。

使能 ARP 报文限速功能后，可以在全局、VLAN 或接口下配置 ARP 报文的限速值和限速时间。在 ARP 报文限速时间内，如果收到的 ARP 报文数目超过 ARP 报文限速值，则设备会丢弃超出限速值的 ARP 报文。

当设备丢弃的 ARP 报文数量较多时，如果希望设备能够以告警的方式提醒网络管理员，则可以使能 ARP 报文限速丢弃告警功能。当丢弃的 ARP 报文数超过告警阈值时，设备将产生告警。

（4）配置 ARP Miss 消息限速（根据源 IP 地址）

如果网络中有用户向设备发送大量目标 IP 地址不能解析的 IP 报文（即路由表中存在该 IP 报文的目的 IP 对应的路由表项，但设备上没有该路由表项中下一跳对应的 ARP 表项），则将导致设备触发大量的 ARP Miss 消息。这种触发 ARP Miss 消息的 IP 报文会被上送到设备进行处理，设备会根据 ARP Miss 消息生成和下发大量临时 ARP 表项并向目的网络发送大量 ARP 请求报文，这样就增加了设备 CPU 的负担，同时严重消耗目的网络的带宽资源。

当设备检测到某一源 IP 地址的 IP 报文在 1s 内触发的 ARP Miss 消息数量超过了限速值

时，就认为此源 IP 地址存在攻击。

设备对 ARP Miss 报文的默认处理方式是 block 方式，即设备会丢弃超出限速值部分的 ARP Miss 消息，也就是丢弃触发这些 ARP Miss 消息的 ARP Miss 报文，并下发一条 ACL 来丢弃该源 IP 地址的后续所有 ARP Miss 报文，因此该方式会占用设备的 ACL 资源，而 ACL 资源相对有限；如果是 none-block 方式，设备只会丢弃超出限速值部分的 ARP Miss 消息，即丢弃触发这些 ARP Miss 消息的 ARP Miss 报文，因此该方式对 CPU 的负担减轻效果有限。

（5）配置 ARP 表项严格学习

如果大量用户在同一时间段内向设备发送大量 ARP 报文，或者攻击者伪造正常用户的 ARP 报文发送给设备，则会造成如下危害：

设备因处理大量 ARP 报文而导致 CPU 负荷过重，同时设备学习大量的 ARP 报文可能导致设备 ARP 表项资源被无效的 ARP 条目耗尽，造成合法用户的 ARP 报文不能继续生成 ARP 条目，导致用户无法正常通信。伪造的 ARP 报文将错误地更新设备 ARP 表项，导致合法用户无法正常通信。

为避免上述危害，可以在网关设备上配置 ARP 表项严格学习功能。配置该功能后，只有本设备主动发送的 ARP 请求报文的应答报文才能触发本设备学习 ARP，其他设备主动向本设备发送的 ARP 报文不能触发本设备学习 ARP，这样，可以拒绝大部分的 ARP 报文攻击。

 防火墙基础配置

【任务描述】

网络工程师老乔配置防火墙，按规划设定 IP 地址，并把接口 GigabitEthernet0/0/1 加入 dmz 区域，接口 GigabitEthernet0/0/7 和 GigabitEthernet0/0/8 加入 untrust 区域，同时建立区域 Internal，设置优先级为 60，并把 GigabitEthernet0/0/2 加入此区域；启动 OSPF 路由协议，达到全网联通，并启用 OSPF 的区域安全认证。

【任务分析】

为了建立后面实验所需的基础环境，进而设置防火墙进行网络控制，首先要按规划设定接口 IP 地址和并把接口加入相应的区域。启动 OSPF 路由协议是为了获取内网的路由表项，启用 OSPF 的区域安全认证是为了防止未经授权的 OSPF 路由器进入网络。

【任务实施】

一、配置防火墙接口及安全区域

1. 设置防火墙名称

[SRG]sysname FW1

显示防火墙当前的配置文件：

[FW1]display current-configuration
15:23:38 2018/04/28
#

```
interface GigabitEthernet0/0/0
 alias GE0/MGMT
 ip address 192.168.0.1 255.255.255.0
 dhcp select interface
 dhcp server gateway-list 192.168.0.1
#
interface GigabitEthernet0/0/1
#
interface GigabitEthernet0/0/2
#
interface GigabitEthernet0/0/3
#
interface GigabitEthernet0/0/4
#
interface GigabitEthernet0/0/5
#
interface GigabitEthernet0/0/6
#
interface GigabitEthernet0/0/7
#
interface GigabitEthernet0/0/8
#
interface NULL0
 alias NULL0
#
firewall zone local
 set priority 100
#
firewall zone trust
 set priority 85
 add interface GigabitEthernet0/0/0
#
firewall zone untrust
 set priority 5
#
firewall zone dmz
 set priority 50
#
aaa
 local-user admin password cipher %$%$lKBTO)>v{;K{x}!}\i=G,(ls%$%$
 local-user admin service-type web terminal telnet
 local-user admin level 15
 authentication-scheme default
 #
 authorization-scheme default
 #
 accounting-scheme default
 #
```

```
  domain default
  #
nqa-jitter tag-version 1
#
  banner enable
#
user-interface con 0
  authentication-mode none
user-interface vty 0 4
  authentication-mode none
  protocol inbound all
#
  slb
#
right-manager server-group
#
  sysname FW1
#
  l2tp domain suffix-separator @
#
  firewall packet-filter default permit interzone local trust direction inbound
  firewall packet-filter default permit interzone local trust direction outbound
  firewall packet-filter default permit interzone local untrust direction outbound
  firewall packet-filter default permit interzone local dmz direction outbound
#
  ip df-unreachables enable
#
  firewall ipv6 session link-state check
  firewall ipv6 statistic system enable
#
  dns resolve
#
  firewall statistic system enable
#
  pki ocsp response cache refresh interval 0
  pki ocsp response cache number 0
#
  undo dns proxy
#
  license-server domain lic.huawei.com
#
  web-manager enable
#
return
[FW1]
```

从显示的信息中可以看到，GigabitEthernet0/0/0 已有默认 IP 地址 192.168.0.1；默认已建立 4 个安全区域 local、trust、untrust 和 dmz，local 的安全级别为 100，trust 的安全级别为 85，untrust 的安全级别为 5，dmz 的安全级别为 50；防火墙已经建立默认的安全策略，允许 local 和 trust 两个区域之间的出方向和入方向的通信，允许 local 到 dmz 的出方向，允许 local 到 untrust 的出方向，默认不允许 untrust 和 dmz 主动向 local 发起连接。

经验分享

虽然 eNSP 中的防火墙 USG5500 的 Web 远程管理功能已经打开，但是不能通过 Web 访问配置 USG5500。但防火墙 USG6500 可以通过 Web 进行远程管理。所以后面的配置以命令行为基础进行讲解。

2. 配置接口的 IP 地址

[FW1]interface GigabitEthernet 0/0/1
[FW1–GigabitEthernet0/0/1]ip address 192.168.200.1 24
[FW1–GigabitEthernet0/0/1]interface GigabitEthernet 0/0/2
[FW1–GigabitEthernet0/0/2]ip address 192.168.100.1 24
[FW1–GigabitEthernet0/0/2]interface GigabitEthernet 0/0/7
[FW1–GigabitEthernet0/0/7]ip address 100.0.0.2 30
[FW1–GigabitEthernet0/0/7]interface GigabitEthernet 0/0/8
[FW1–GigabitEthernet0/0/8]ip address 200.0.0.2 30

3. 配置安全区域和接口的对应

进入默认区域 dmz：

[FW1]firewall zone dmz

添加 GigabitEthernet 0/0/1 到安全区域 dmz：

[FW1–zone–dmz]add interface GigabitEthernet 0/0/1
[FW1–zone–dmz]quit

进入默认区域 untrust：

[FW1]firewall zone untrust

添加 GigabitEthernet 0/0/7 到安全区域 untrust：

[FW1–zone–untrust]add interface GigabitEthernet 0/0/7

添加 GigabitEthernet 0/0/8 到安全区域 untrust：

[FW1–zone–untrust]add interface GigabitEthernet 0/0/8
[FW1–zone–untrust]quit

建立安全区域 internal：

[FW1]firewall zone name Internal

设置区域的安全级别为 60：

[FW1–zone–internal]set priority 60

添加 GigabitEthernet 0/0/2 到安全区域 internal：

[FW1–zone–internal]add interface GigabitEthernet 0/0/2

小知识

所有的安全区域的安全级别都不能相同，因为防火墙是基于数据包在安全区域之间的流动，来定义入方向和出方向，入方向是低安全级别的安全区域到高安全级别的区域，出方向是高安全级别的区域到低安全级别的区域。

二、启动 OSPF 路由器协议

1. HJC1 启动 OSPF 路由协议

启动 OSPF 路由协议：

[HJC1]ospf

进入区域 0：

[HJC1–ospf–1]area 0
[HJC1–ospf–1–area–0.0.0.0]

把网段 192.168.1.0/24 加入区域 0：

[HJC1–ospf–1–area–0.0.0.0]network 192.168.1.0 0.0.0.255

小知识

　　network 命令包含两层含义：一是把此接口所属网段发布到路由协议中，二是此接口收发 OSPF 路由信息。

把网段 192.168.4.0/24 加入区域 0：

[HJC1–ospf–1–area–0.0.0.0]network 192.168.4.0 0.0.0.255

把网段 192.168.5.0/24 加入区域 0：

[HJC1–ospf–1–area–0.0.0.0]network 192.168.5.0 0.0.0.255

把网段 192.168.6.0/24 加入区域 0：

[HJC1–ospf–1–area–0.0.0.0]network 192.168.6.0 0.0.0.255

把网段 192.168.254.0/24 加入区域 0：

[HJC1–ospf–1–area–0.0.0.0]network 192.168.254.0 0.0.0.255

启动区域验证，验证密码为 Huawei@123：

[HJC1–ospf–1–area–0.0.0.0]authentication–mode md5 1 cipher Huawei@123

小知识

　　如果在区域 0 启动区域验证，则要求在包含区域 0 的所有路由器上都启动区域验证，密码都设置为 Huawei@123。

[HJC1–ospf–1–area–0.0.0.0]quit

2. HJC2 启动 OSPF 路由协议

交换机 HJC2 启动 OSPF 路由协议，把网段 192.168.2.0/24、192.168.4.0/24、192.168.5.0/24、192.168.6.0/24 和 192.168.254.0/24 加入区域 0，并启动区域验证，验证密码为 Huawei@123。

[HJC2]ospf
[HJC2–ospf–1]area 0
[HJC2–ospf–1–area–0.0.0.0]
[HJC2–ospf–1–area–0.0.0.0]network 192.168.2.0 0.0.0.255
[HJC2–ospf–1–area–0.0.0.0]network 192.168.4.0 0.0.0.255
[HJC2–ospf–1–area–0.0.0.0]network 192.168.5.0 0.0.0.255
[HJC2–ospf–1–area–0.0.0.0]network 192.168.6.0 0.0.0.255
[HJC2–ospf–1–area–0.0.0.0]network 192.168.254.0 0.0.0.255
[HJC1–ospf–1–area–0.0.0.0]authentication–mode md5 1 cipher Huawei@123
[HJC2–ospf–1–area–0.0.0.0]quit

3. CORE1 启动 OSPF 路由协议

路由器 CORE1 启动 OSPF 路由协议，把网段 192.168.1.0/24、192.168.1.0/24 和 192.168.100.0/24 加入区域 0，启动区域验证，验证密码为 Huawei@123。

[CORE1]ospf
[CORE1-ospf-1]area 0
[CORE1-ospf-1-area-0.0.0.0]network 192.168.1.0 0.0.0.255
[CORE1-ospf-1-area-0.0.0.0]network 192.168.2.0 0.0.0.255
[CORE1-ospf-1-area-0.0.0.0]network 192.168.100.0 0.0.0.255
[CORE1-ospf-1-area-0.0.0.0]authentication-mode md5 1 cipher Huawei@123

4. 防火墙 FW1 启动 OSPF 路由协议

建立默认路由指向 100.0.0.1：
[FW1]ip route-static 0.0.0.0 0.0.0.0 100.0.0.1

建立默认路由指向 200.0.0.1：
[FW1]ip route-static 0.0.0.0 0.0.0.0 200.0.0.1

启动 OSPF 路由协议：
[FW1]ospf

进入区域 0：
[FW1-ospf-1]area 0

导入静态路由：
[FW1-ospf-1]import-route static

产生默认路由宣告：
[FW1-ospf-1]default-route-advertise always

设置 GigabitEthernet 0/0/7 为静默接口：
[FW1-ospf-1]silent-interface GigabitEthernet 0/0/7

设置 GigabitEthernet 0/0/8 为静默接口：
[FW1-ospf-1]silent-interface GigabitEthernet 0/0/8

■ 小知识

静默接口的意思是，把此接口所属网段发布到路由协议中，但此接口并不收发 OSPF 路由信息。

把网段 192.168.100.0/24 加入区域 0：
[FW1-ospf-1-area-0.0.0.0]network 192.168.100.0 0.0.0.255

把网段 192.168.0.0/24 加入区域 0：
[FW1-ospf-1-area-0.0.0.0]network 192.168.0.0 0.0.0.255

把网段 192.168.200.0/24 加入区域 0：
[FW1-ospf-1-area-0.0.0.0]network 192.168.200.0 0.0.0.255

把网段 100.0.0.0/30 加入区域 0：
[FW1-ospf-1-area-0.0.0.0]network 100.0.0.0 0.0.0.3

把网段 200.0.0.0/30 加入区域 0：
[FW1-ospf-1-area-0.0.0.0]network 200.0.0.0 0.0.0.3

启动区域验证，验证密码为 Huawei@123：
[FW1-ospf-1-area-0.0.0.0]authentication-mode md5 1 cipher Huawei@123

三、查看路由表项

显示防火墙的路由表项：

```
[FW1-ospf-1]display ip routing-table
15:59:11   2018/04/28
Route Flags: R - relay, D - download to fib
```

―――

```
Routing Tables: Public
       Destinations : 23      Routes : 24
Destination/Mask  Proto  Pre  Cost      Flags NextHop       Interface
0.0.0.0/0     Static 60   0         RD 100.0.0.1   GigabitEthernet0/0/7
             Static 60   0         RD 200.0.0.1   GigabitEthernet0/0/8
100.0.0.0/30   Direct 0    0      D  100.0.0.2    GigabitEthernet0/0/7
100.0.0.2/32   Direct 0    0      D  127.0.0.1    InLoopBack0
127.0.0.0/8    Direct 0    0      D  127.0.0.1    InLoopBack0
127.0.0.1/32   Direct 0    0      D  127.0.0.1    InLoopBack0
192.168.0.0/24   Direct 0   0    D  192.168.0.1   GigabitEthernet0/0/0
192.168.0.1/32   Direct 0   0    D  127.0.0.1    InLoopBack0
192.168.1.0/24   OSPF 10   2    D  192.168.100.2  GigabitEthernet0/0/2
192.168.2.0/24   OSPF 10   2    D  192.168.100.2  GigabitEthernet0/0/2
192.168.4.0/24   OSPF 10   3    D  192.168.100.2  GigabitEthernet0/0/2
192.168.4.254/32 OSPF 10   3    D  192.168.100.2  GigabitEthernet0/0/2
192.168.5.0/24   OSPF   10  3    D  192.168.100.2  GigabitEthernet0/0/2
192.168.5.254/32 OSPF 10   3    D  192.168.100.2  GigabitEthernet0/0/2
192.168.6.0/24   OSPF   10  3    D  192.168.100.2  GigabitEthernet0/0/2
192.168.6.254/32 OSPF 10   3    D  192.168.100.2  GigabitEthernet0/0/2
192.168.100.0/24 Direct 0 0 D   192.168.100.1  GigabitEthernet0/0/2
192.168.100.1/32  Direct 0 0 D  127.0.0.1     InLoopBack0
192.168.200.0/24  Direct 0 0 D  192.168.200.1  GigabitEthernet0/0/1
192.168.200.1/32  Direct 0  0 D  127.0.0.1     InLoopBack0
192.168.254.0/24   OSPF   10  3 D 192.168.100.2 GigabitEthernet0/0/2
192.168.254.254/32 OSPF 10 3 D  192.168.100.2 GigabitEthernet0/0/2
200.0.0.0/30   Direct 0   0     D  200.0.0.2    GigabitEthernet0/0/8
200.0.0.2/32   Direct 0   0     D  127.0.0.1    InLoopBack0
```

　　从上面的信息中可以看到防火墙包含两条 Static（静态路由）路由表项，目的为 0.0.0.0/0，下一跳地址为 100.0.0.1 和 200.0.0.1；包含 12 条 Direct（直连路由表项）；包含 10 条 OSPF 路由表项，路由协议的优先级为 10。

　　查看交换机 HJC1 的路由表项：

```
<HJC1>display ip routing-table
Route Flags: R - relay, D - download to fib
```

―――

```
Routing Tables: Public
Destinations : 23      Routes : 33
Destination/Mask   Proto   Pre  Cost      Flags NextHop     Interface
0.0.0.0/0    O_ASE    150  1       D  192.168.1.1   Vlanif3
100.0.0.0/30   OSPF    10   3       D  192.168.1.1   Vlanif3
127.0.0.0/8    Direct  0    0       D  127.0.0.1    InLoopBack0
```

127.0.0.1/32	Direct	0	0	D	127.0.0.1		InLoopBack0
192.168.0.0/24	**OSPF**	**10**	**3**	**D**	**192.168.1.1**		**Vlanif3**
192.168.1.0/24	Direct	0	0	D	192.168.1.2		Vlanif3
192.168.1.2/32	Direct	0	0	D	127.0.0.1		Vlanif3
192.168.2.0/24	**OSPF**	**10**	**2**	**D**	**192.168.4.2**		**Vlanif4**
	OSPF	10	2		D	192.168.5.2	Vlanif5
	OSPF	10	2		D	192.168.6.2	Vlanif6
	OSPF	10	2		D	192.168.254.2	Vlanif1
	OSPF	10	2		D	192.168.1.1	Vlanif3
192.168.4.0/24	Direct	0	0	D	192.168.4.1		Vlanif4
192.168.4.1/32	Direct	0	0	D	127.0.0.1		Vlanif4
192.168.4.254/32	Direct	0	0	D	127.0.0.1		Vlanif4
192.168.5.0/24	Direct	0	0	D	192.168.5.1		Vlanif5
192.168.5.1/32	Direct	0	0	D	127.0.0.1		Vlanif5
192.168.5.254/32	**OSPF**	**10**	**2**	**D**	**192.168.4.2**		**Vlanif4**
	OSPF	10	2		D	192.168.5.2	Vlanif5
	OSPF	10	2		D	192.168.6.2	Vlanif6
	OSPF	10	2		D	192.168.254.2	Vlanif1
192.168.6.0/24	Direct	0	0	D	192.168.6.1		Vlanif6
192.168.6.1/32	Direct	0	0	D	127.0.0.1		Vlanif6
192.168.6.254/32	**OSPF**	**10**	**2**	**D**	**192.168.4.2**		**Vlanif4**
	OSPF	10	2		D	192.168.5.2	Vlanif5
	OSPF	10	2		D	192.168.6.2	Vlanif6
	OSPF	10	2		D	192.168.254.2	Vlanif1
192.168.100.0/24	**OSPF**	**10**	**2**	**D**	**192.168.1.1**		**Vlanif3**
192.168.200.0/24	**OSPF**	**10**	**3**	**D**	**192.168.1.1**		**Vlanif3**
192.168.254.0/24	Direct	0	0	D	192.168.254.1		Vlanif1
192.168.254.1/32	Direct	0	0	D	127.0.0.1		Vlanif1
192.168.254.254/32	Direct	0	0	D	127.0.0.1		Vlanif1
200.0.0.0/30	**OSPF**	**10**	**3**	**D**	**192.168.1.1**		**Vlanif3**

从上面的信息中可以看到交换机包含 13 条 OSPF 路由表项，路由协议的优先级为 10，其中到主机 192.168.5.254/32 有 4 条路径；还有一条 O_ASE（OSPF 外部路由）的路由表项为 0.0.0.0/0，其优先级为 150。

小知识

路由协议的优先级数字越大，在路由表项竞争时优先级越低，数字越小优先级越高。

【知识补充】

一、什么是防火墙

防火墙（Firewall）：它是一个由软件和硬件设备组合而成、在内部网和外部网之间、专用网与公共网之间的界面上构造的保护屏障，依照特定的规则，允许或限制传输的数据通过，从而保护内部网免受非法用户的侵入。

防火墙实际上是一种隔离技术，在两个网络通信时执行的一种访问控制尺度，它能允许

"同意"的人和数据进入网络，同时将"不同意"的人和数据拒之门外，最大限度地阻止网络中的黑客来访问网络。

1. 防火墙的分类

1）依据防火墙处理数据的方式，可以分为包过滤防火墙、状态监测防火墙和应用程序代理防火墙。

包过滤防火墙：在每一个数据包传送到源主机时都会在网络层进行过滤，对于不合法的数据访问，防火墙会选择阻拦以及丢弃。

状态检测防火墙：状态检测防火墙可以跟踪通过防火墙的网络连接和数据包，这样防火墙就可以根据设定的规则来确定该数据包是允许或者拒绝通信。

应用程序代理防火墙：应用程序代理防火墙实际上并不允许在它连接的网络之间直接通信。应用程序代理防火墙接受来自内部网络特定用户应用程序的通信，然后建立于公共网络服务器单独的连接。

2）根据防火墙的应用部署位置分为边界防火墙、个人防火墙和混合防火墙3大类。

3）按照防火墙的性能可分为百兆防火墙、千兆防火墙和万兆防火墙。

2. 其他常见的网络安全设备

（1）VPN（虚拟专用网）

VPN即虚拟专用网络，通过特殊的加密通信协议在连接在Internet上的位于不同地方的两个或多个企业内部网之间建立一条专有的通信线路。

（2）IDS和IPS

IDS即入侵侦测系统，是检测计算机是否遭到入侵攻击的网络安全技术。作为防火墙的合理补充，能够帮助系统对付网络攻击，扩展了系统管理员的安全管理能力（包括安全审计、监视、攻击识别和响应），提高了信息安全基础结构的完整性。

IPS是检测网络数据流，检测计算机是否遭到入侵攻击，对入侵行为防御。

（3）杀毒软件

杀毒软件也称反病毒软件或防毒软件，是用于消除计算机病毒、特洛伊木马和恶意软件等计算机威胁的一类软件。杀毒软件通常集成监控识别、病毒扫描和清除以及自动升级等功能，有的杀毒软件还带有数据恢复等功能，是计算机防御系统的重要组成部分。

（4）上网行为管理

上网行为管理可以帮助企业控制员工的上网行为，还可以控制一些网页访问、网络应用控制、带宽流量管理、信息收发审计、用户行为分析。

（5）UTM（威胁管理）

UTM是将防火墙、VPN、防病毒、防垃圾邮件、Web网址过滤、IPS六大功能集成在一起的，并且可以进行统一管理的一种网络安全设备。

二、防火墙历史

1. 第一代防火墙

1989年产生了包过滤防火墙，能实现简单的访问控制，被称为第一代防火墙。

2. 第二代防火墙

通过动态分析报文的状态来决定对报文采取的动作，不需要为每个应用程序都进行代理，处理速度比较快，状态监测防火墙被称为第二代防火墙。

3. 第三代防火墙

UTM（United Threat Management，统一威胁管理）将传统的防火墙、入侵监测、防病毒、URL 过滤、应用程序控制、邮件过滤等功能融合到一台防火墙上，还可以基于用户、应用和内容进行管控，来实现全面的安全防护，也被称为第三代防火墙产品。

4. 华为防火墙简介

（1）USG5500 简介

USG5500 系列产品是华为公司面向大中型企业机构和数据中心设计的新一代防火墙 / UTM 设备。USG5500 基于业界领先的软、硬件体系架构，基于用户的安全策略融合了传统防火墙、VPN、入侵检测、防病毒、URL 过滤、应用程序控制、邮件过滤等行业领先的专业安全技术，可精细化管理 1200 余种网络应用，全面支持 IPv6，为用户提供强大、可扩展、持续的安全能力。

完善的防火墙功能：提供安全区域划分、静态 / 动态黑名单功能、MAC 和 IP 绑定、访问控制列表和攻击防范等基本功能，还提供基于状态的检测过滤、虚拟防火墙、VLAN 透传等功能。能够防御 ARP 欺骗、TCP 报文标识位不合法、Large ICMP 报文、SYN flood、DNS flood、地址扫描和端口扫描等多种恶意攻击。

丰富的 VPN 特性：支持 IPSec VPN、L2TP VPN、SSL VPN、MPLS VPN 及 GRE VPN 等远程安全接入方式，同时 CPU 集成硬件加密引擎，提供超群的 VPN 处理性能，可以实现海量 VPN 接入。

实时的病毒防护：采用赛门铁克公司国际一流的防病毒技术，病毒检出率达到 99%，从而迅速、准确查杀网络流量中的病毒等恶意代码。

精准的入侵防御：采用赛门铁克公司国际一流的基于特征的入侵检测技术，精确识别并实时防范各种网络攻击和滥用行为。

全面的流量管理：支持 1200+ 种应用协议的识别，能精确检测迅雷、QQ、MSN、股票软件等应用程序，提供基于用户基于应用的限速、阻断等多种控制方式，保障网络核心业务正常运行。

海量网站过滤：URL 库高达 6500 万条，搜索引擎关键字过滤、页面关键字过滤，规范员工上网行为、减少企业法律风险。

NAT 应用：提供多对一、多对多、静态网段、双向转换、Easy IP 和 DNS 映射等 NAT 应用方式；支持多种应用协议正确穿越 NAT，提供 DNS、FTP、H.323、NBT 等 NAT ALG 功能。

以用户为核心的安全策略，基于用户的访问控制、限流、网络应用控制和内容安全、策略路由等技术，提供细粒度的控制权限。

一体化安全策略，所有配置统一入口，减少跳转，快速部署。

（2）USG6500 简介

USG6500 是华为公司面向中小企业、企业分支和连锁机构推出的企业级下一代防火墙。USG6500 支持业界最多的 6300 多个应用识别，提供精细的应用层安全防护和业务加速。一机多能，实现多地间的稳定安全互联，为企业提供全面、简单、高效的下一代网络安全防护。

集传统防火墙、VPN、入侵防御、防病毒、数据防泄漏、带宽管理、Anti-DDoS、URL 过滤、反垃圾邮件等多种功能于一身，全局配置视图和一体化策略管理。

支持多种安全业务的虚拟化，包括防火墙、入侵防御、反病毒、VPN 等。不同用户可在同一台物理设备上进行隔离的个性化管理。

第一时间获取最新威胁信息，准确检测并防御针对漏洞的攻击。可防护各种针对 Web 的攻击，包括 SQL 注入攻击和跨站脚本攻击。

在识别业务应用的基础上，可管理每用户 /IP 使用的带宽，确保关键业务和关键用户的网络体验。管控方式包括：限制最大带宽或保障最小带宽、应用的策略路由、修改应用转发优先级等。

支持丰富高可靠性的 VPN 特性，如 IPSec VPN、SSL VPN、L2TP VPN、MPLS VPN、GRE 等。

三、防火墙基础概念

1. 接口、网络和安全区域的关系

安全区域（Security Zone）简称为区域。安全区域是一个或多个接口的集合，这些网络中的用户具有相同的安全属性。防火墙通过安全区域来划分网络、标识报文流动的路线。一般来说，当报文在不同的安全区域之间流动时才会受到控制。

防火墙认为在同一安全区域内部发生的数据流动是不存在安全风险的，不需要实施任何安全策略。只有当不同安全区域之间发生数据流动时，才会触发设备的安全检查，并实施相应的安全策略。优先级通过 1 ～ 100 的数字表示，数字越大表示优先级越高，默认区域的安全级别见表 4-4。

默认的安全区域不能被删除，同时其优先级也不能被重新设置。每个安全区域具有全局唯一的安全优先级，即不存在两个具有相同优先级的安全区域。用户可以根据实际组网需要，自行创建安全区域并定义其优先级。

表 4-4　区域优先级说明

区域名称	优先级	说明
非受信区域（untrust）	低安全级别的安全区域，优先级为 5	通常用于定义 Internet 等不安全的网络
非军事化区域（dmz）	中等安全级别的安全区域，优先级为 50	通常用于定义内网服务器所在区域。因为这种设备虽然部署在内网，但是经常需要被外网访问，存在较大安全隐患，同时一般又不允许其主动访问外网，所以将其部署一个优先级比 trust 低，但是比 untrust 高的安全区域中 说明：dmz 起源于军方，是介于严格的军事管制区和松散的公共区域之间的一种有着部分管制的区域。FW 设备引用了这一术语，指代一个逻辑上和物理上都与内部网络和外部网络分离的安全区域。dmz 安全区域很好地解决了服务器的放置问题。该安全区域可以放置需要对外提供网络服务的设备，如 WWW 服务器、FTP 服务器等。上述服务器如果放置于内部网络，外部恶意用户则有可能利用某些服务的安全漏洞攻击内部网络；如果放置于外部网络，则无法保障它们的安全
受信区域（trust）	较高安全级别的安全区域，优先级为 85	通常用于定义内网终端用户所在区域
本地区域（local）	最高安全级别的安全区域，优先级为 100	local 区域定义的是设备本身，包括设备的各接口本身。凡是由设备构造并主动发出的报文均可认为是从 local 区域中发出，凡是需要设备响应并处理（而不仅是检测或直接转发）的报文均可认为是由 local 区域接收。用户不能改变 local 区域本身的任何配置，包括向其中添加接口 说明：由于 local 区域的特殊性，在很多需要设备本身进行报文收发的应用中，需要开放对端所在安全区域与 local 区域之间的安全策略。包括：需要对设备本身进行管理的情况。例如 Telnet 登录、Web 登录、接入 SNMP 网管等。向安全区域中添加接口，只是认为该接口所连的网络属于该安全区域，而接口本身还是属于 local 区域

2. 报文在安全区域之间流动

报文在两个安全区域之间流动的过程中，报文从低级别的安全区域向高级别的安全区域流动时为入方向（Inbound），报文由高级别的安全区域向低级别的安全区域流动时为出方向（Outbound）。图 4-21 标明了 local 区域、trust 区域、dmz 区域和 untrust 区域间的方向。

通过设置安全级别，防火墙的各个安全区域之间就有了等级明确的域间关系。不同的安全区域代表不同的网络，防火墙就成了连接各个网络的节点，防火墙就可以对各个网络之间流动的报文实施管控。

一般来说源安全域是防火墙收到报文的接口所属的安全区域，目的安全区域是防火墙转发报文的接口所属的安全区域。源和目的安全区域确定后，也就确定了报文是在哪两个安全区域之间流动了。

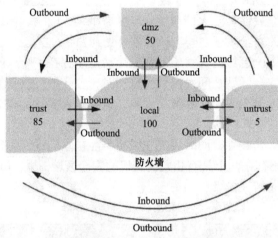

图 4-21　报文在安全区域之间流动的方向

3. 防火墙工作模式

为了增加防火墙组网的灵活性，防火墙不再定义整个设备的工作模式，而是定义接口的工作模式，接口的工作模式如下：

（1）路由模式

如果防火墙接口具有 IP 地址通过三层与外网连接，则认为该接口工作在路由模式下，如图 4-22 所示。当防火墙位于内部网络和外部网络之间时，同时为防火墙与内部网络、外部网络相连的接口分别配置不同网段的 IP 地址，并重新规划原有的网络拓扑结构。

当报文在三层区域的接口间进行转发时，根据报文的 IP 地址来查找路由表。此时防火墙表现为一个路由器。但与路由器不同的是，防火墙转发的 IP 报文还需要进行过滤等相关处理，通过检查会话表或 ACL 规则以确定是否允许该报文通过。除此之外，防火墙还需要完成其他攻击防范检查。

图 4-22　路由模式组网图

采用路由模式时，可以完成 ACL 包过滤、ASPF 动态过滤等功能。然而，路由模式需要对网络拓扑结构进行修改，内部网络用户需要更改网关，路由器需要更改路由配置等。

（2）透明模式

防火墙接口无 IP 地址通过二层对外连接，则认为该接口工作在透明模式下。

如果防火墙工作在透明模式，则可以避免改变拓扑结构。此时，防火墙对于子网用户来说是完全透明的，即用户感觉不到设备的存在。

设备透明模式的典型组网方式如图 4–23 所示。设备的 trust 区域接口与公司内部网络相连，untrust 区域接口与外部网络相连。需要注意的是，trust 区域接口和 untrust 区域接口必须处于同一个子网中。

采用透明模式时，只需在网络中像放置网桥（Bridge）一样插入设备即可，无需修改任何已有的配置。IP 报文同样会经过相关的过滤检查，内部网络用户依旧受到防火墙的保护。安全区域 A 和 B 在同一网段且有数据交互，连接安全区域 A 和 B 的接口分别加入 VLAN A 和 VLAN B，且必须加入 VLAN A 和 VLAN B 组成的桥接组，当防火墙在这两个透明模式的接口间转发报文时，需要先进行 VLAN 桥接，将报文入 VLAN 变换为出 VLAN，再根据报文的 MAC 地址查 MAC 表找到出接口。此时设备表现为一个透明网桥。但是，设备与网桥不同，设备转发的 IP 报文还需要送到上层进行过滤等相关处理，通过检查会话表或 ACL 规则以确定是否允许该报文通过。此外，防火墙还需要完成其他攻击防范检查。

要求两个工作在透明模式且有数据交互的接口，必须加入到不同的 VLAN 中；同时，这两个接口必须加入同一个 VLAN 桥接组中，而且只能加入一个桥接组。设备在透明模式的接口上进行 MAC 地址学习，在透明模式的接口间转发报文时，通过查 MAC 表进行二层转发。

（3）混合模式

如果设备既存在工作在路由模式的接口（接口具有 IP 地址），又存在工作在透明模式的接口（接口无 IP 地址），则认为该设备工作在混合模式下。

混合模式的典型组网方式如图 4–24 所示，规划了两个安全区域：trust 区域和 untrust 区域，设备的 trust 区域接口与公司内部网络相连，untrust 区域接口与外部网络相连。

需要注意的是，trust 区域接口和 untrust 区域接口分别处于两个不同的子网中。

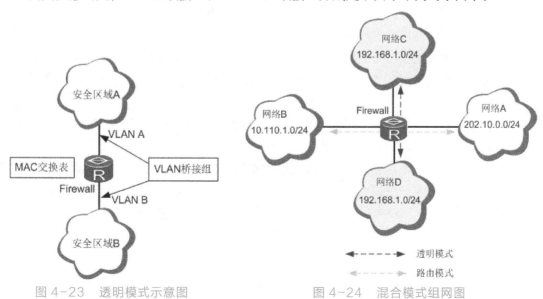

图 4–23　透明模式示意图　　　　　图 4–24　混合模式组网图

网络 A 和 B 是不同的网段，设备连接网络 A 和 B 的接口是三层接口，对 A 和 B 之间的报文要进行路由转发；网络 C 和 D 是相同的网段，设备连接网络 C 和 D 的接口是二层接口，对 C 和 D 之间的报文要进行 VLAN 桥接和二层转发。

四、OSPF 路由协议

OSPF 把自治系统划分成逻辑意义上的一个或多个区域，OSPF 通过 LSA（Link State Advertisement）的形式发布路由，OSPF 依靠在 OSPF 区域内各设备间交互 OSPF 报文来达到路由信息的统一，OSPF 报文封装在 IP 报文内，可以采用单播或组播的形式发送。

OSPF（Open Shortest Path First）是一个内部网关协议（Interior Gateway Protocol，IGP）。OSPF 通过路由器之间通告网络接口的状态来建立链路状态数据库，生成最短路径树，每个 OSPF 路由器使用这些最短路径构造路由表。

1. 基本概念和术语

（1）链路状态

OSPF 路由器收集其所在网络区域上各路由器的连接状态信息，即链路状态信息（Link-State），生成链路状态数据库（Link-State Database）。路由器掌握了该区域上所有路由器的链路状态信息，也就等于了解了整个网络的拓扑状况。OSPF 路由器利用最短路径优先算法（Shortest Path First，SPF）独立地计算出到达任意目的地的路由。

（2）区域

OSPF 引入"分层路由"的概念，将网络分割成一个"主干"连接的一组相互独立的部分，这些相互独立的部分被称为"区域"（Area），"主干"的部分称为"主干区域"。每个区域就如同一个独立的网络，该区域的 OSPF 路由器只保存该区域的链路状态。每个路由器的链路状态数据库都可以保持合理的大小，路由计算的时间、报文数量都不会过大。

共有 5 种区域的主要区别在于它们和外部路由器间的关系：

标准区域：一个标准区域可以接收链路更新信息和路由总结。

主干区域（传递区域）：主干区域是连接各个区域的中心实体。主干区域始终是"区域 0"，所有其他的区域都要连接到这个区域上交换路由信息。主干区域拥有标准区域的所有性质。

存根区域（Stub Area）：存根区域是不接受自治系统以外的路由信息的区域。如果需要自治系统以外的路由，则它使用默认路由 0.0.0.0。

完全存根区域：它不接受外部自治系统的路由以及自治系统内其他区域的路由总结。需要发送到区域外的报文则使用默认路由：0.0.0.0。完全存根区域是 Cisco 自己定义的。

不完全存根区域（NSAA）：它类似于存根区域，但是允许接收以 LSA Type 7 发送的外部路由信息，并且要把 LSA Type 7 转换成 LSA Type 5。

2. OSPF 中的 4 种路由器

在 OSPF 多区域网络中，OSPF 中常用到的路由器类型如图 4-25 所示。

路由器可以按不同的需要同时成为以下 4 种路由器中的几种:

内部路由器: 所有端口在同一区域的路由器, 维护一个链路状态数据库。

主干路由器: 具有连接主干区域端口的路由器。

区域边界路由器 (ABR): 具有连接多区域端口的路由器, 一般作为一个区域的出口。ABR 为每一个连接的区域建立链路状态数据库, 负责将所连接区域的路由摘要信息发送到主干区域, 而主干区域上的 ABR 则负责将这些信息发送到各个区域。

自治域系统边界路由器 (ASBR): 至少拥有一个连接外部自治域网络 (如非 OSPF 的网络) 端口的路由器, 负责将非 OSPF 网络信息传入 OSPF 网络。

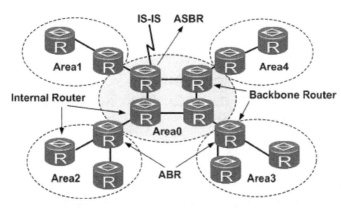

图 4-25   路由器类型

3. OSPF 链路状态公告类型

OSPF 路由器之间交换链路状态公告 (LSA) 信息。OSPF 的 LSA 中包含连接的接口、使用的 Metric 及其他变量信息。OSPF 路由器收集链接状态信息并使用 SPF 算法来计算到各节点的最短路径。LSA 也有几种不同功能的报文, 在这里简单地介绍一下:

LSA TYPE 1: router LSA 由每台路由器为所属的区域产生的 LSA, 描述本区域路由器链路到该区域的状态和代价。一个边界路由器可能产生多个 LSA TYPE1。

LSA TYPE 2: network LSA 由 DR 产生, 含有连接某个区域路由器的所有链路状态和代价信息。只有 DR 可以监测该信息。

LSA TYPE 3: summary LSA 由 ABR 产生, 含有 ABR 与本地内部路由器连接的信息, 可以描述本区域到主干区域的链路信息。它通常汇总默认路由而不是传送汇总的 OSPF 信息给其他网络。

LSA TYPE 4: summary LSA 由 ABR 产生, 由主干区域发送到其他 ABR, 含有 ASBR 的链路信息, 与 LSA TYPE 3 的区别在于 TYPE 4 描述到 OSPF 网络的外部路由, 而 TYPE 3 则描述区域内路由。

LSA TYPE 5: AS External LSA 由 ASBR 产生, 含有关于自治域外的链路信息。除了存根区域和完全存根区域, LSA TYPE 5 在整个网络中发送。

LSA TYPE 6: multicast OSPF LSA, MOSF 可以让路由器利用链路状态数据库的信息构造用于多播报文的多播发布树。

LSA TYPE 7: Not-So-Stubby LSA 是由 ASBR 产生的关于 NSSA 的信息。LSA TYPE 7

可以转换为 LSA TYPE 5。

4. 报文类型

Hello 报文：通过周期性地发送来发现和维护邻接关系。

DD（链路状态数据库描述）报文：描述本地路由器保存的 LSDB（链路状态数据库）。

LSR（LS Request）报文：向邻居请求本地没有的 LSA。

LSU（LS Update）报文：向邻居发送其请求或更新的 LSA。

LSAck（LS ACK）报文：收到邻居发送的 LSA 后发送的确认报文。

5. OSPF 网络类型

根据路由器所连接的物理网络不同，OSPF 将网络划分为 4 种类型：广播多路访问型（Broadcast multiAccess）、非广播多路访问型（None Broadcast MultiAccess）、点到点型（Point-to-Point）、点到多点型（Point-to-MultiPoint）。

广播多路访问型网络如 Ethernet、Token Ring、FDDI。NBMA 型网络如 Frame Relay、X.25、SMDS。Point-to-Point 型网络如 PPP、HDLC。

6. 指定路由器（DR）和备份指定路由器（BDR）

在多路访问网络上可能存在多个路由器，为了避免路由器之间建立完全相邻关系而引起的大量开销，OSPF 要求在区域中选举一个 DR。每个路由器都与之建立完全相邻关系。DR 负责收集所有的链路状态信息，并发布给其他路由器。选举 DR 的同时也选举出一个 BDR，在 DR 失效的时候，BDR 担负起 DR 的职责。

点对点型网络不需要 DR，因为只存在两个节点，彼此间完全相邻。OSPF 由 Hello 协议、交换协议、扩散协议组成。本文仅介绍 Hello 协议，其他两个协议可参考 RFC 2328 中的具体描述。

当路由器开启一个端口的 OSPF 路由时，将会从这个端口发出一个 Hello 报文，以后它也将以一定的间隔周期性地发送 Hello 报文。OSPF 路由器用 Hello 报文来初始化新的相邻关系以及确认相邻的路由器邻居之间的通信状态。

对广播型网络和非广播型多路访问网络，路由器使用 Hello 协议选举出一个 DR。在广播型网络里，Hello 报文使用多播地址 224.0.0.5 周期性广播，并通过这个过程自动发现路由器邻居。在 NBMA 网络中，DR 负责向其他路由器逐一发送 Hello 报文。

7. OSPF 默认路由

默认路由是指目的地址和掩码都是 0 的路由。当设备无精确匹配的路由时，就可以通过默认路由进行报文转发。

8. OSPF 报文认证

OSPF 支持报文验证功能，只有通过验证的 OSPF 报文才能接收，否则将不能正常建立邻居。路由器支持两种验证方式：区域验证方式和接口验证方式。当两种验证方式都存在时，优先使用接口验证方式。

任务 8　防火墙配置 NAT 和防火墙策略

【任务描述】

网络工程师老乔在防火墙上配置 NAT 及防火墙策略，允许内网用户访问外网及 DMZ 区域服务器；管理工作站访问 DMZ 区域和内网；发布内网服务器并允许外网访问。

【任务分析】

防火墙建立源 NAT 策略是保证内网用户及网管工作站能以源 NAT 的方式访问 Internet，通过 NAT Server 发布内网服务器是为了让外网用户访问公司的服务器。建立安全策略的目的是允许相应区域间可以控制的通信。

【任务实施】

一、配置内网用户访问外网

1. 配置 NAT 策略

配置区域 internal 到 untrust 区域出方向：

[FW1]nat-policy interzone internal untrust outbound

> **提示**
>
> internal 的优先级比 untrust 高，internal 主动访问 untrust，所以是出方向。

建立两个区域间策略 1：

[FW1-nat-policy-interzone-internal-untrust-outbound]policy 1

源是内部的任意 IP 地址：

[FW1-nat-policy-interzone-internal-untrust-outbound-1]policy source any

NAT 的模式是源 NAT：

[FW1-nat-policy-interzone-internal-untrust-outbound-1]action source-nat

使用 easy-ip 的地址转换模式，接口为 GigabitEthernet 0/0/7：

[FW1-nat-policy-interzone-internal-untrust-outbound-1]easy-ip GigabitEthernet 0/0/7
[FW1-nat-policy-interzone-internal-untrust-outbound-1]quit

建立两个区域间策略 2：

[FW1-nat-policy-interzone-internal-untrust-outbound]policy 2

源是内部的任意 IP 地址：

[FW1-nat-policy-interzone-internal-untrust-outbound-2]policy source any

NAT 的模式是源 NAT：

[FW1-nat-policy-interzone-internal-untrust-outbound-2]action source-nat

使用 easy-ip 的地址转换模式，接口为 GigabitEthernet 0/0/8：

[FW1-nat-policy-interzone-internal-untrust-outbound-2]easy-ip GigabitEthernet 0/0/8

[FW1–nat–policy–interzone–internal–untrust–outbound–2]quit

[FW1–nat–policy–interzone–internal–untrust–outbound]quit

提示

因为本例中 trust 区域有两个外网接口，所以建立两条策略。

2. 配置安全策略

建立 internal 到 untrust 的出方向安全策略：

[FW1]policy interzone Internal untrust outbound

建立两个区域间策略 1：

[FW1–policy–interzone–internal–untrust–outbound]policy 1

策略的源是任意 IP 地址：

[FW1–policy–interzone–internal–untrust–outbound–1]policy source any

策略的动作是允许：

[FW1–policy–interzone–internal–untrust–outbound–1]action permit

[FW1–policy–interzone–internal–untrust–outbound–1]quit

[FW1–policy–interzone–internal–untrust–outbound]quit

提示

在防火墙上启动 NAT 策略后，一定要启动相应的防火墙策略才能使两个网络之间的访问正常进行。

二、配置内网用户访问 DMZ 区域

建立 internal 到 dmz 的出方向安全策略：

[FW1]policy interzone internal dmz outbound

建立两个区域间策略 1：

[FW1–policy–interzone–internal–dmz–outbound]policy 1

策略的源是任意 IP 地址：

[FW1–policy–interzone–internal–dmz–outbound–1]policy source any

策略的动作是允许：

[FW1–policy–interzone–internal–dmz–outbound–1]action permit

[FW1–policy–interzone–internal–dmz–outbound–1]quit

[FW1–policy–interzone–internal–dmz–outbound]quit

三、配置管理工作站访问 dmz 区域和内网

1. 配置区域 trust 到 untrust 区域出方向 NAT 策略

[FW1–nat–policy–interzone–trust–untrust–outbound]policy 1

源是内部的任意 IP 地址：

[FW1–nat–policy–interzone–trust–untrust–outbound–1]policy source any

NAT 的模式是源 NAT：

[FW1–nat–policy–interzone–trust–untrust–outbound–1]action source–nat

使用 easy–ip 的地址转换模式，接口为 GigabitEthernet 0/0/7：

[FW1–nat–policy–interzone–trust–untrust–outbound–1]easy–ip GigabitEthernet 0/0/7

[FW1–nat–policy–interzone–trust–untrust–outbound–1]quit

2. 配置区域 trust 到 untrust 区域出方向 NAT 策略 2

[FW1–nat–policy–interzone–trust–untrust–outbound]policy 2

源是内部的任意 IP 地址：

[FW1–nat–policy–interzone–trust–untrust–outbound–2]policy source any

NAT 的模式是源 NAT：

[FW1–nat–policy–interzone–trust–untrust–outbound–2]action source–nat

使用 easy–ip 的地址转换模式，接口为 GigabitEthernet 0/0/8：

[FW1–nat–policy–interzone–trust–untrust–outbound–2]easy–ip GigabitEthernet 0/0/8

[FW1–nat–policy–interzone–trust–untrust–outbound–2]quit

[FW1–nat–policy–interzone–trust–untrust–outbound]quit

3. 建立 trust 到 untrust 的出方向安全策略

[FW1]policy interzone trust untrust outbound

策略的源是任意 IP 地址：

[FW1–policy–interzone–trust–untrust–outbound–1]policy source any

策略的动作是允许：

[FW1–policy–interzone–trust–untrust–outbound–1]action permit

[FW1–policy–interzone–trust–untrust–outbound–1]quit

[FW1–policy–interzone–trust–untrust–outbound]quit

4. 建立 trust 到 dmz 的出方向安全策略

[FW1]policy interzone trust dmz outbound

策略的源是任意 IP 地址：

[FW1–policy–interzone–trust–dmz–outbound–1]policy source any

策略的动作是允许：

[FW1–policy–interzone–trust–dmz–outbound–1]action permit

[FW1–policy–interzone–trust–dmz–outbound–1]quit

[FW1–policy–interzone–trust–dmz–outbound]quit

温馨提示

　　此处的源使用的是 any，如果为了精细化控制，则可以建立多条策略，每条策略的源对应一个网段。

四、发布内网服务器并允许外网访问

1. 发布 NAT 服务器

发布内网服务器 192.168.200.20 的 80 端口到全局地址 100.0.0.2：

[FW1]nat server protocol tcp global 100.0.0.2 80 inside 192.168.200.20 80 no–reverse

发布内网服务器 192.168.200.20 的 80 端口到全局地址 200.0.0.2：

[FW1]nat server protocol tcp global 200.0.0.2 80 inside 192.168.200.20 80 no–reverse

发布内网服务器 192.168.200.21 的 21 端口到全局地址 100.0.0.2：

[FW1]nat server protocol tcp global 100.0.0.2 21 inside 192.168.200.21 80 no–reverse

发布内网服务器 192.168.200.21 的 21 端口到全局地址 200.0.0.2：

[FW1]nat server protocol tcp global 200.0.0.2 21 inside 192.168.200.21 80 no–reverse

知识链接

配置 NAT Server 时带上 no-reverse 参数，就可以使同一个服务器向外发布两个不同的公网地址。

2. 建立 untrust 到 dmz 的入方向安全策略：

配置区域 untrust 到 dmz 区域入方向安全策略：

[FW1]policy interzone dmz untrust inbound

建立安全策略 1：

[FW1–policy–interzone–dmz–untrust–inbound]policy 1

策略的目的是 192.168.200.20：

[FW1–policy–interzone–dmz–untrust–inbound–1]policy destination 192.168.200.20 0

策略的服务是 http：

[FW1–policy–interzone–dmz–untrust–inbound–1]policy service service–set http

策略 1 的动作是允许：

[FW1–policy–interzone–dmz–untrust–inbound–1]action permit

建立安全策略 2：

[FW1–policy–interzone–dmz–untrust–inbound]policy 2

策略的目的是 192.168.200.21：

[FW1–policy–interzone–dmz–untrust–inbound–2]policy destination 192.168.200.21 0

策略的服务是 FTP：

[FW1–policy–interzone–dmz–untrust–inbound–2]policy service service–set ftp

策略 2 的动作是允许：

[FW1–policy–interzone–dmz–untrust–inbound–2]action permit

[FW1–policy–interzone–dmz–untrust–inbound–2]quit

[FW1–policy–interzone–dmz–untrust–inbound]quit

3. display firewall session table

显示防火墙的会话表，可以查看现在防火墙活动的会话。

【知识补充】

一、NAT 概述

NAT 是将 IP 数据报报头中的 IP 地址转换为另一个 IP 地址的过程，主要用于实现内部网络（私有 IP 地址）访问外部网络（公有 IP 地址）的功能。

Basic NAT 是实现一对一的 IP 地址转换，而 NAPT 可以实现多个私有地址映射到同一个公有地址上。

1. Basic NAT

Basic NAT 方式属于一对一的地址转换，在这种方式下只转换 IP 地址，而对 TCP/UDP 的端口号不处理，一个公网 IP 地址不能同时被多个用户使用。这样只是对外网用户屏蔽了内网的拓扑结构，没有节约公网 IP 地址，如图 4-26 所示。Basic NAT 处理流程如下。

1）Router 收到内网侧 Host 发送的访问公网侧 Server 的报文，其源 IP 地址为 10.1.1.100。

2）Router 从地址池中选取一个空闲的公网 IP 地址，建立与内网侧报文源 IP 地址间的 NAT 转换表项（正反向），并依据查找正向 NAT 表项的结果将报文转换后向公网侧发送，其源 IP 地址是 162.105.178.65，目的 IP 地址是 211.100.7.34。

3）Router 收到公网侧的回应报文后，根据其目的 IP 地址查找反向 NAT 表项，并依据查表结果将报文转换后向私网侧发送，其源 IP 地址是 162.105.178.65，目的 IP 地址是 10.1.1.100。

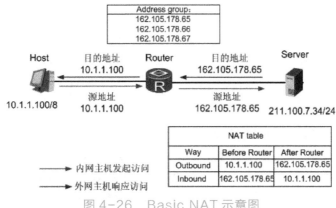

图 4-26　Basic NAT 示意图

2. NAPT

除了一对一的 NAT 转换方式外，NAPT（Network Address Port Translation，网络地址端口转换）可以实现并发的地址转换。它允许多个内部地址映射到同一个公有地址上，因此也可以称为"多对一地址转换"或地址复用，如图 4-27 所示。

NAPT 方式属于多对一的地址转换，它通过使用"IP 地址 + 端口号"的形式进行转换，使多个私网用户可共用一个公网 IP 地址访问外网，有效地节约了公网 IP 地址。

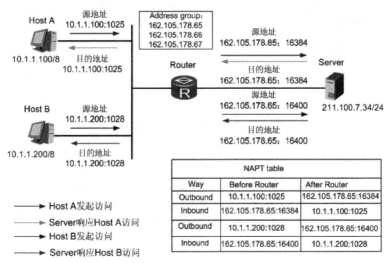

图 4-27　NAPT 示意图

NAPT 方式的处理过程如下：

1）Router 收到内网侧 Host 发送的访问公网侧 Server 的报文。比如，收到 Host A 报文的源地址是 10.1.1.100，端口号为 1025。

2）Router 从地址池中选取一对空闲的"公网 IP 地址 + 端口号"，建立与内网侧报文"源 IP 地址 + 源端口号"间的 NAPT 转换表项（正反向），并依据查找正向 NAPT 表项的结果将报文转换后向公网侧发送。比如，Host A 的报文经 Router 转换后的报文源地址为 162.105.178.65，端口号为 16384。

3）Router 收到公网侧的回应报文后，根据其"目的 IP 地址 + 目的端口号"查找反向 NAPT 表项，并依据查表结果将报文转换后向私网侧发送。比如，Server 回应 Host A 的报文经 Router 转换后，目的地址为 10.1.1.100，端口号为 1025。

二、NAT 实现

Basic NAT 和 NAPT 是私网 IP 地址通过 NAT 设备转换成公网 IP 地址的过程，分别实现一对一和多对一的地址转换功能。在现在的网络环境下，NAT 功能的实现还得依据 Basic NAT 和 NAPT 的原理，NAT 实现主要包括：Easy IP、地址池 NAT、NAT Server 和静态 NAT/NAPT。

1. Easy IP

Easy IP 方式可以利用访问控制列表来控制哪些内部地址可以进行地址转换。

Easy IP 方式特别适合小型局域网访问 Internet 的情况。这里的小型局域网主要指中小型网吧、小型办公室等环境，一般具有以下特点：内部主机较少、出接口通过拨号方式获得临时公网 IP 地址以供内部主机访问 Internet。对于这种情况，可以使用 Easy IP 方式使局域网用户都通过这个 IP 地址接入 Internet，如图 4-28 所示。Easy IP 处理流程如下。

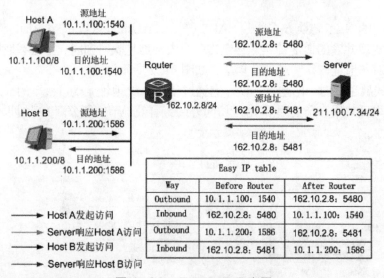

图 4-28　Easy IP 示意图

1）Router 收到内网侧主机发送的访问公网侧服务器的报文。比如，收到 Host A 报文的源地址是 10.1.1.100，端口号为 1540。

2）Router 利用公网侧接口的"公网 IP 地址 + 端口号"，建立与内网侧报文"源 IP 地址 + 源端口号"间的 Easy IP 转换表项（正反向），并依据查找正向 Easy IP 表项的结果将报文转换后向公网侧发送。比如，Host A 的报文经 Router 转换后的报文源地址为 162.10.2.8，端口号为 5480。

3）Router 收到公网侧的回应报文后，根据其"目的 IP 地址 + 目的端口号"查找反向 Easy IP 表项，并依据查表结果将报文转换后向内网侧发送。比如，Server 回应 Host A 的报文经 Router 转换后，目的地址为 10.1.1.100，端口号为 1540。

2. NAT Server

NAT 具有"屏蔽"内部主机的作用，但有时内网需要向外网提供服务，如提供 WWW 服务或 FTP 服务。这种情况下需要内网的服务器不被"屏蔽"，外网用户可以随时访问内网服务器。

NAT Server 可以很好地解决这个问题，当外网用户访问内网服务器时，它通过事先配置好的"公网 IP 地址 + 端口号"与"私网 IP 地址 + 端口号"间的映射关系，将服务器的"公网 IP 地址 + 端口号"根据映射关系替换成对应的"私网 IP 地址 + 端口号"，如图 4-29 所示。

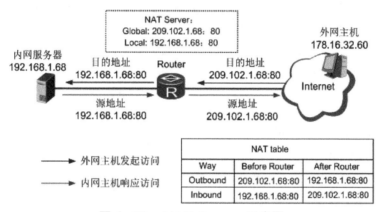

图 4-29　NAT Server 示意图

NAT Server 的地址转换过程如下：

1）在 Router 上配置 NAT Server 的转换表项。

2）Router 收到公网用户发起的访问请求，设备根据该请求的"目的 IP+ 端口号"查找 NAT Server 转换表项，找出对应的"私网 IP+ 端口号"，然后用查找结果替换报文的"目的 IP+ 端口号"。外网主机发送的报文，其目的地址是 209.102.1.68，端口号为 80，经 Router 转换后目的地址转换为 192.168.1.68，端口号为 80。

3）Router 收到内网服务器的回应报文后，根据该回应报文的"源 IP 地址 + 源端口号"查找 NAT Server 转换表项，找出对应的"公网 IP+ 端口号"，然后用查找结果替换报文的"源 IP 地址 + 源端口号"。内网服务器回应外网主机的报文，其源地址是 192.168.1.68，端口号为 80，经 Router 转换后源地址转换为 209.102.1.68，端口号为 80。

3. 静态 NAT/NAPT

静态 NAT 是指在进行 NAT 时，内部网络主机的 IP 同公网 IP 是一对一静态绑定的，静态 NAT 中的公网 IP 只会给唯一且固定的内网主机转换使用。

静态 NAPT 是指"内部网络主机的 IP+ 协议号 + 端口号"同"公网 IP+ 协议号 + 端口号"是一对一静态绑定的，这样静态 NAPT 中的公网 IP 可以为多个私网 IP 同时使用。

静态 NAT/NAPT 还支持将指定范围内的内部主机 IP 转换为指定的公网网段 IP，转换过程中只对网段地址进行转换，保持主机地址不变。当内部主机访问外部网络时，如果主机地址在指定的内部主机地址范围内，则会被转换为对应的公网地址；同样，当通过公网网段地址对内部主机进行访问时，可以直接访问到内部主机。

任务 9　开启防火墙入侵防御功能

【任务描述】

网络工程师老乔在防火墙上设置各种针对防火墙本机和内网服务器的攻击防御技术，其中包含防御单包攻击、SYN Flood 攻击、UDP Flood 攻击和 HTTP Flood 攻击等，每种防御中再针对不同的攻击方式进行相应设置。

【任务分析】

由于现在网络上针对防火墙及 dmz 区域的攻击非常频繁，所以防火墙应该开启流量统计，当流量到达预先定义的阈值时，防火墙就开始启动攻击防范，这样就能在一定程度上保证防火墙和服务器的安全及提供的服务。

【任务实施】

一、防御单包攻击的配置

开启攻击防御功能：

```
[FW1]firewall defend smurf enable
```

开启 Land 攻击防御功能：

```
[FW1]firewall defend land enable
```

开启 Fraggle 攻击防御功能：

```
[FW1]firewall defend fraggle enable
```

开启 Winnuke 攻击防御功能：

```
[FW1]firewall defend winnuke enable
```

开启 ping-of-death 攻击防御功能：

```
[FW1]firewall defend ping-of-death enable
```

开启 time-stamp 攻击防御功能：

```
[FW1]firewall defend time-stamp enable
```

开启 route-recor 攻击防御功能：

```
[FW1]firewall defend route-record enable
```

二、SYN Flood 攻击防御

开启 SYN Flood 攻击防御功能

```
[FW1]firewall defend syn-flood enable
```

配置基于接口的 TCP 代理功能：

```
[FW1]firewall defend syn-flood interface all
```

配置 TCP 源探测功能：

```
[FW1]firewall source-ip detect interface all
```

三、UDP Flood 攻击防御功能

开启 UDP Flood 攻击防御功能：

[FW1]firewall defend udp–flood enable

配置基于接口的 UDP Flood 限流功能：

[FW1]firewall defend udp–flood interface all

四、HTTP Flood 攻击防御源

开启 HTTP Flood 攻击防御源功能：

[FW1]firewall defend http–flood enable

配置 HTTP Flood 攻击防御源探测接口：

[FW1]firewall defend http–flood source–detect interface GigabitEthernet 0/0/7
[FW1]firewall defend http–flood source–detect interface GigabitEthernet 0/0/8

经验分享

在设置针对 SYN Flood 攻击、UDP Flood 攻击和 HTTP Flood 攻击的限流时，此处没有设置阈值，是因为这样可以使用默认的阈值，管理员应该通过查看防火墙日志及分析攻击频繁度等信息后，再有针对地对默认阈值调整。

【知识补充】

网络安全问题比较严重，面临内部网络安全问题和 Internet 用户对内部网络发起蠕虫、木马、DDoS、SYN Flood、UDP Flood、HTTP Flood 和僵尸网络等形式的攻击。

一、防火墙 DDoS 攻击防范流程

防火墙上 DDoS 攻击防范的流程如下：

1. 系统启动流量统计

由于不同的攻击类型采用的攻击报文不同，因此防火墙需要开启流量统计功能，对经过自身的各种流量进行统计，以区分攻击流量和正常流量。另外，开启了流量统计功能便于系统根据统计结果来判断攻击流量是否超过预先设定的阈值。

防火墙通过绑定接口的方式来开启流量统计功能，并对来自绑定接口的流量按目的地址进行统计。防火墙主要用来保护内网服务器或主机不受外网主机的攻击，因此被绑定的接口应为 FW 连接外网的接口。

2. 流量超过设定阈值

防火墙需要为不同的攻击类型设置不同的防范阈值，当某一类型的流量超过预先设定的阈值时，防火墙就认为存在攻击行为，从而根据不同的攻击类型采用不同的防范技术。也就是说，触发防火墙执行防范动作的条件是某一类型的攻击流量超过事前设定的阈值。因此，DDoS 攻击防范的实际防范效果和阈值的设定有很大的关系。阈值可以通过手工方式进行设置，也可以通过防火墙提供的阈值学习功能获取。

3. 系统启动攻击防范

当流量统计功能检测到去往某一目的地址的某种类型的流量超过预先设定的阈值时，系

统开始启动攻击防范。防火墙有多种防范技术，不同的防范技术用来防范不同的攻击，主要的几种防范技术见表4-5。

表4-5　主要的几种防范技术

防 范 技 术	简 易 原 理	可防范的攻击类型
源探测技术	设备对请求服务的报文的源IP地址进行探测，来自真实源IP地址的报文将被转发，来自虚假源IP地址的报文将被丢弃	SYN Flood、HTTP Flood、HTTPS Flood、DNS Request Flood、DNS Reply Flood 和 SIP Flood
指纹技术	设备将攻击报文的一段显著特征学习为指纹，未匹配指纹的报文将被转发，匹配指纹的报文将被丢弃	UDP Flood 和 UDP Fragment Flood
限流技术	设备直接丢弃超过流量上限的报文	ICMP Flood 和 UDP Flood

4. 系统执行防范动作

对正常流量放行；对攻击流量丢弃，并记录威胁日志。

二、SYN Flood 防御原理

SYN Flood 是基于 TCP 栈发起的攻击，在了解 SYN Flood 攻击和防御原理之前，还是要从 TCP 连接建立的过程开始讲起。

1. TCP 交互过程

在 TCP/IP 中，TCP 提供可靠的连接服务，无论是哪一方向另一方发送数据前，都必须先在双方之间建立一条连接通道，这就是 TCP 三次握手，如图 4-30 所示。

1）第一次握手：客户端向服务器端发送一个 SYN（Synchronize，同步）报文，指明想要建立连接的服务器端口以及序列号 ISN。

2）第二次握手：服务器在收到客户端的 SYN 报文后，将返回一个 SYN-ACK（Acknowledgment，确认）的报文，表示客户端的请求被接受，同时在 SYN-ACK 报文中将确认号设置为客户端的 ISN 号加 1。

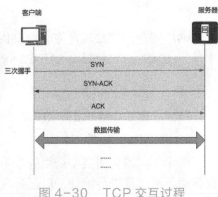

图 4-30　TCP 交互过程

3）第三次握手：客户端收到服务器的 SYN-ACK 包，向服务器发送 ACK 报文进行确认，ACK 报文发送完毕，3 次握手建立成功。

如果客户端在发送了 SYN 报文后出现了故障，那么服务器在发出 SYN-ACK 应答报文后是无法收到客户端的 ACK 报文的，即第三次握手无法完成，这种情况下服务器端一般会重试，向客户端再次发送 SYN-ACK，并等待一段时间。如果在一定的时间内还是得不到客户端的回应，则放弃这个未完成的连接。这也是 TCP 的重传机制。

2. SYN Flood 攻击

SYN Flood 攻击正是利用了 TCP 3 次握手的这种机制发动攻击。如图 4-31 所示，攻击者向服务器发送大量的 SYN 报文请求，当服务器回应 SYN-ACK 报文时，不再继续回应 ACK 报文，导致服务器上建立大量的半连接，直至老化。这样，服务器的资源会被这些半连接耗尽，导致正常的请求无法回应。

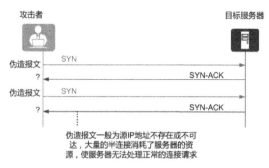

图 4-31 SYN Flood 攻击示意图

3. SYN Flood 防御

防火墙针对 SYN Flood 攻击，一般会采用 TCP 代理和源认证两种方式进行防御。

（1）TCP 代理

TCP 代理是指防火墙部署在客户端和服务器中间，当客户端向服务器发送的 SYN 报文经过防火墙时，防火墙代替服务器与客户端建立 3 次握手。一般用于报文来回路径一致的场景，如图 4-32 所示。

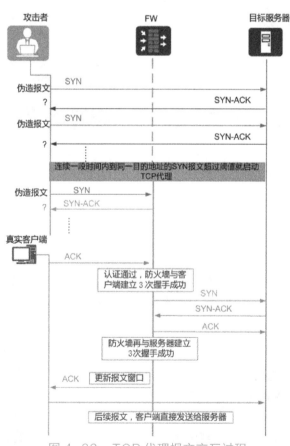

图 4-32   TCP 代理报文交互过程

防火墙收到 SYN 报文，对 SYN 报文进行拦截，代替服务器回应 SYN-ACK 报文。

如果客户端不能正常回应 ACK 报文，则判定此 SYN 报文为非正常报文，防火墙代替服务器保持半连接一定时间后，放弃此连接。

如果客户端正常回应 ACK 报文，防火墙与客户端建立正常的 3 次握手，则判定此 SYN 报文为正常业务报文，非攻击报文。防火墙立即与服务器再建立 3 次握手，此连接的后续报文直接送到服务器。

整个 TCP 代理的过程对于客户端和服务器都是透明的。TCP 代理过程中，防火墙会对收到的每一个 SYN 报文进行代理和回应并保持半连接，所以当 SYN 报文流量很大时，对防火墙的性能要求非常高。TCP 代理只能应用在报文来回路径一致的场景中（防火墙旁接入到边缘路由器），如果来回路径不一致，那么代理就会失败。而且防火墙 TCP 代理只是把 DDoS 攻击对服务器的压力转换到防火墙上，耗费大量的防火墙资源，需要防火墙的性能比较高。

（2）TCP 源认证

TCP 源认证是防火墙防御 SYN Flood 攻击的另一种方式，没有报文来回路径必须一致的限制，所以应用更普遍。原理图如图 4-33 所示。

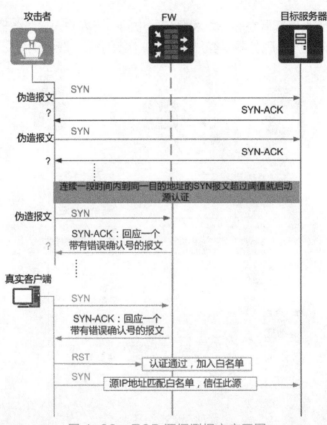

图 4-33　TCP 源探测报文交互图

当防火墙收到客户端发送的 SYN 报文时，对 SYN 报文进行拦截，并伪造一个带有错误序列号的 SYN-ACK 报文回应给客户端。

如果客户端是虚假源，则不会对错误的 SYN-ACK 报文进行回应。

如果客户端是真实源发送的正常请求 SYN 报文，当收到错误的 SYN-ACK 报文时，会再发出一个 RST 报文，让防火墙重新发一个正确的 SYN-ACK 报文；防火墙收到这个 RST 报文后，判定客户端为真实源，则将这个源加入白名单，在白名单老化前，这个源发出的报文都会被认为是合法的报文，防火墙直接放行，不再做验证。

TCP 源认证对客户端的源只做一次验证，通过后就加入白名单，后续就不会每次都对这个源的 SYN 报文做验证，这样大大提高了 TCP 源认证的防御效率和防御性能，可以有效缓解防火墙性能压力。

三、UDP Flood 防御原理

1. UDP Flood 攻击

UDP 是一个无连接协议。使用 UDP 传输数据之前，客户端和服务器之间不建立连接，如果在从客户端到服务器端的传递过程中出现数据报的丢失，UDP 本身并不能做出任何检测或提示。在有些情况下 UDP 可能会变得非常有用，因为 UDP 由于排除了信息可靠传递机制，将安全和排序等功能移交给上层应用来完成，极大降低了执行时间，使传输速率得到了保证。而 TCP 中植入了各种安全保障功能，但是在实际执行的过程中会占用大量的系统开销，使传输速率受到严重的影响。

正是 UDP 的广泛应用，为黑客们发动 UDP Flood 攻击提供了平台。UDP Flood 属于带宽类攻击，黑客们通过僵尸网络向目标服务器发起大量的 UDP 报文，这种 UDP 报文通常为大包，且速率非常快，通常会造成以下两种危害：消耗网络带宽资源，严重时造成链路拥塞。

短时间大量变源变端口的 UDP Flood 会导致依靠会话转发的网络设备性能降低甚至会话耗尽，从而导致网络瘫痪。

2. UDP Flood 防御

UDP Flood 支持指纹学习、关联防御和限流 3 种防御方式。

UDP 分片攻击支持指纹学习和限流两种防御方式。

（1）UDP 指纹学习

UDP Flood 攻击报文具有一定的特点，这些攻击报文通常都拥有相同的特征字段，比如，报文中都包含某一个字符串或整个报文内容一致。所以可以通过指纹学习的方式防御 UDP Flood 攻击。如图 4-34 所示，当 UDP 流量超过阈值时会触发指纹学习。指纹由防火墙动态学习生成，将攻击报文的一段显著特征学习为指纹后，匹配指纹的报文会被丢弃。

（2）关联防御

UDP 是无连接的协议，因此无法通过源认证的方法防御 UDP Flood 攻击。如果 UDP 业务流量需要通过 TCP 业务流量认证或控制，则当 UDP 业务受到攻击时，对关联的 TCP 业务强制启动防御，用此 TCP 防御产生的白名单决定同一源的 UDP 报文是丢弃还是转发。

比如，有些游戏类服务，是先通过 TCP 对用户进行认证，认证通过后使用 UDP 传输业务数据，此时可以通过验证 UDP 关联的 TCP 类服务来达到防御 UDP Flood 攻击的目的。当 UDP 业务受到攻击时，对关联的 TCP 业务强制启动防御，通过关联防御产生 TCP 白名单，以确定同一源的 UDP 流量的走向，即命中白名单的源的 UDP 流量允许通过，否则丢弃。具体防御原理如图 4-35 所示。

（3）限流

防火墙采用限流技术对 UDP Flood 攻击进行防范，将去往同一目的地址的 UDP 报文限制在阈值之内，直接丢弃超过阈值的 UDP 报文，以避免网络拥塞。

由于限流技术本身无法区分正常转发报文还是攻击报文，建议在指纹防范技术和关联防御无法防住 UDP Flood 时，才采用限流技术防范 UDP Flood。

图 4-34　UDP 指纹学习

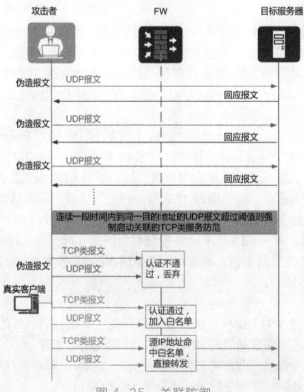

图 4-35　关联防御

四、HTTP Flood 防御原理

HTTP flood 的攻击和防御原理如下：

1. 攻击原理

攻击者通过代理或僵尸主机向目标服务器发起大量的 HTTP 报文，请求涉及数据库操作的 URI 或其他消耗系统资源的 URI，造成服务器资源耗尽，无法响应正常请求。HTTP Flood 攻击的最大特征就是选择消耗服务器 CPU 或内存资源的 URI，如具有数据库操作的 URI。

2. 防御原理

源认证防御方式是防御 HTTP Flood 最常用的手段。这种防御方式适用于客户端为浏览器的 HTTP 服务器场景，因为浏览器支持完整的 HTTP 栈，可以正常回应重定向报文或者验证码。防火墙基于目的 IP 地址对 HTTP 报文进行统计，当 HTTP 报文达到设定的告警阈值时，启动源认证防御功能，源认证防御包含以下 3 种方式：

1）基本模式（META 刷新）：该模式可有效阻止来自非浏览器客户端的访问，如果僵尸工具没有实现完整的 HTTP 栈，则不支持自动重定向，无法通过认证。而浏览器支持自动重定向，可以通过认证，处理过程如图 4-36 所示。该模式不会影响用户体验，但防御效果低于增强模式。

图 4-36　META 刷新

当网络中有 HTTP 代理服务器时，只要有一次源认证通过，防火墙就会将代理服务器 IP 地址加入白名单，后续僵尸主机通过使用代理服务器就会绕开源认证，导致防御失效。在这种有代理服务器的网络中，建议开启代理检测功能，检测 HTTP 请求是否为通过代理发出的请求。

（2）增强模式（验证码认证）

有些僵尸工具实现了重定向功能，或者攻击过程中使用的免费代理支持重定向功能，导致基本模式的防御失效，通过推送验证码的方式可以避免此类防御失效。此时通过让用户输入验证码，可以判断 HTTP 访问是否由真实的用户发起，而不是由僵尸工具发起的访问。因为僵尸网络攻击依靠自动植入 PC 的僵尸工具发起，无法自动响应随机变化的验证码，故可以有效地防御攻击。为避免防御对正常用户体验的影响，此防御方式仅对超过源访问阈值的异常源实施。具体处理过程如图 4-37 所示。

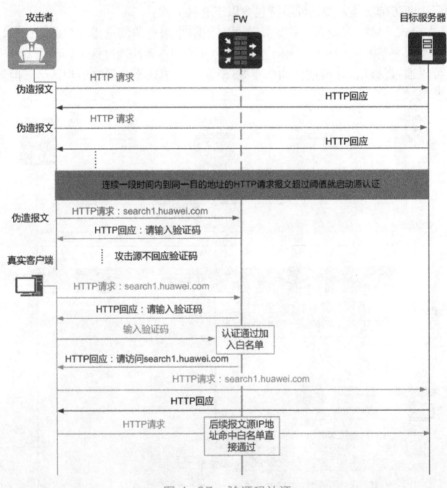

图 4-37　验证码认证

（3）302 重定向模式

基本模式中的重定向功能只能对整个网页进行重定向，不能针对网页中的内嵌资源（图片、视频等）进行重定向。当用户请求的页面与页面内嵌资源不在同一个服务器上，内嵌资源所在服务器发生异常时，可以对嵌套资源服务器启动 302 重定向防御，探测访问源是否为真实浏览器。真实浏览器支持重定向功能，可以自动完成重定向过程，不会影响客户体验。

任务 10 为防火墙配置 IPSec VPN

【任务描述】

网络管理员老乔在企业网总部防火墙 FW1 和分公司防火墙 FW2 上启动 IPSec VPN 功能，使企业总部和分公司内网之间的数据使用 ESP 加密数据和 IKE 协议交换秘钥，保障数据在 Internet 传输时为加密传输。

【任务分析】

现在网络安全和网络泄密问题在 Internet 上层出不穷，企业总部和分部之间需要传输业务、财务、人事信息等企业核心数据，如果被竞争企业雇佣的黑客从 Internet 上监听到，则会对本企业未来的发展不利。所以保障企业核心数据在 Internet 上安全传输，成了网络工程师迫切需要解决的问题。VPN 是在公共网络中构建企业虚拟局域网，包含 GRE VPN、L2TP VPN 和 IPSec VPN 等，但 GRE VPN 和 L2TP VPN 在传输过程中没有加密数据，所以企业中一般选择部署 IPSec VPN。

【任务实施】

1. 配置 FW1 域间安全策略

（1）配置接口 IP 地址

配置接口 GE1/0/1 的 IP 地址：

```
[FW1] interface gigabitethernet 1/0/2
[FW1–GigabitEthernet1/0/2] ip address 192.168.100.1 24
[FW1–GigabitEthernet1/0/2] quit
```

配置接口 GE1/0/1 的 IP 地址：

```
[FW1] interface gigabitethernet 1/0/7
[FW1–GigabitEthernet1/0/7] ip address 100.0.0.2 24
[FW1–GigabitEthernet1/0/7] quit
```

（2）配置接口加入相应安全区域

将接口 GE1/0/2 加入 Internal 区域：

```
[FW1] firewall zone internal
[FW1–zone– internal] add interface gigabitethernet 1/0/2
[FW1–zone– internal] quit
```

将接口 GE1/0/8 加入 untrust 区域：

```
[FW1] firewall zone untrust
[FW1–zone–untrust] add interface gigabitethernet 1/0/8
[FW1–zone–untrust] quit
```

（3）配置 Internal 域与 untrust 域之间的域间安全策略

```
[FW1] security–policy
[FW1–policy–security] rule name policy1
[FW1–policy–security–rule–policy1] source–zone internal
[FW1–policy–security–rule–policy1] destination–zone untrust
```

```
[FW1-policy-security-rule-policy1] source-address 192.168.0.0 16
[FW1-policy-security-rule-policy1] destination-address 172.16.0.0 16
[FW1-policy-security-rule-policy1] action permit
[FW1-policy-security-rule-policy1] quit
[FW1-policy-security] rule name policy2
[FW1-policy-security-rule-policy2] source-zone untrust
[FW1-policy-security-rule-policy2] destination-zone internal
[FW1-policy-security-rule-policy2] source-address 172.16.0.0 16
[FW1-policy-security-rule-policy2] destination-address 192.168.0.0 16
[FW1-policy-security-rule-policy2] action permit
[FW1-policy-security-rule-policy2] quit
```

（4）配置 Local 域与 untrust 域之间的域间安全策略

配置 Local 域和 untrust 域的域间安全策略的目的为允许 IPSec 隧道两端的设备通信，使其能够进行隧道协商：

```
[FW1-policy-security] rule name policy3
[FW1-policy-security-rule-policy3] source-zone local
[FW1-policy-security-rule-policy3] destination-zone untrust
[FW1-policy-security-rule-policy3] source-address 100.0.0.2 32
[FW1-policy-security-rule-policy3] destination-address 100.0.0.3 32
[FW1-policy-security-rule-policy3] action permit
[FW1-policy-security-rule-policy3] quit
[FW1-policy-security] rule name policy4
[FW1-policy-security-rule-policy4] source-zone untrust
[FW1-policy-security-rule-policy4] destination-zone local
[FW1-policy-security-rule-policy4] source-address 100.0.0.3 32
[FW1-policy-security-rule-policy4] destination-address 100.0.0.2 32
[FW1-policy-security-rule-policy4] action permit
[FW1-policy-security-rule-policy4] quit
[FW1-policy-security] quit
```

（5）配置到达目的网络 B 的静态路由，此处假设到达网络 B 的下一跳地址为 100.0.0.3

```
[FW1] ip route-static 172.16.0.0 255.255.0.0 100.0.0.3
```

2. 在防火墙 FW1 上配置 IPSec 策略，并在接口上应用此 IPSec 策略

（1）定义被保护的数据流。配置高级 ACL 3000，允许 192.168.0.0/16 网段访问 172.16.0.0/16 网段

```
[FW1] acl 3000
[FW1-acl-adv-3000] rule 5 permit ip source 192.168.0.0 0.0.255.255 destination 172.16.0.0 0.0.255.255
[FW1-acl-adv-3000] quit
```

（2）配置 IPSec 安全提议。默认参数可不配置

```
[FW1] ipsec proposal tran1
[FW1-ipsec-proposal-tran1] esp authentication-algorithm sha2-256
[FW1-ipsec-proposal-tran1] esp encryption-algorithm aes-256
[FW1-ipsec-proposal-tran1] quit
```

（3）配置 IKE 安全提议

```
[FW1] ike proposal 10
[FW1-ike-proposal-10] authentication-method pre-share
```

[FW1–ike–proposal–10] prf hmac–sha2–256

[FW1–ike–proposal–10] encryption–algorithm aes–256

[FW1–ike–proposal–10] dh group14

[FW1–ike–proposal–10] integrity–algorithm hmac–sha2–256

[FW1–ike–proposal–10] quit

（4）配置 IKE peer

[FW1] ike peer peer–FW1

[FW1–ike–peer–b] ike–proposal 10

[FW1–ike–peer–b] remote–address 100.0.0.3

[FW1–ike–peer–b] pre–shared–key P@ssw0rd

[FW1–ike–peer–b] quit

（5）配置 IPSec 策略

[FW1] ipsec policy FW1 10 isakmp

[FW1–ipsec–policy–isakmp–map1–10] security acl 3000

[FW1–ipsec–policy–isakmp–map1–10] proposal tran1

[FW1–ipsec–policy–isakmp–map1–10] ike–peer peer–FW1

[FW1–ipsec–policy–isakmp–map1–10] quit

（6）在接口 GE1/0/1 上应用 IPSec 策略组 FW1

[FW1] interface gigabitethernet 1/0/8

[FW1–GigabitEthernet1/0/8] ipsec policy FW1

[FW1–GigabitEthernet1/0/8] quit

3. 配置 FW2 的基础配置

包括配置接口 IP 地址、接口加入安全区域、域间安全策略和静态路由。

（1）配置接口 IP 地址

配置接口 GE1/0/3 的 IP 地址：

<sysname> system–view

[sysname] sysname FW2

[FW2] interface gigabitethernet 1/0/1

[FW2–GigabitEthernet1/0/1] ip address 172.16.0.1 16

[FW2–GigabitEthernet1/0/1] quit

配置接口 GE1/0/1 的 IP 地址：

[FW2] interface gigabitethernet 1/0/2

[FW2–GigabitEthernet1/0/2] ip address 100.0.0.3 24

[FW2–GigabitEthernet1/0/2] quit

（2）配置接口加入相应安全区域

将接口 GE1/0/2 加入 trust 区域：

[FW2] firewall zone trust

[FW2–zone–trust] add interface gigabitethernet 1/0/2

[FW2–zone–trust] quit

将接口 GE1/0/1 加入 untrust 区域：

[FW2] firewall zone untrust

[FW2–zone–untrust] add interface gigabitethernet 1/0/1

[FW2–zone–untrust] quit

（3）配置域间安全策略

配置 trust 域与 untrust 域之间的域间安全策略：

[FW2] security–policy

```
[FW2-policy-security] rule name policy1
[FW2-policy-security-rule-policy1] source-zone trust
[FW2-policy-security-rule-policy1] destination-zone untrust
[FW2-policy-security-rule-policy1] source-address 172.16.0.0 16
[FW2-policy-security-rule-policy1] destination-address 192.168.0.0 16
[FW2-policy-security-rule-policy1] action permit
[FW2-policy-security-rule-policy1] quit
[FW2-policy-security] rule name policy2
[FW2-policy-security-rule-policy2] source-zone untrust
[FW2-policy-security-rule-policy2] destination-zone trust
[FW2-policy-security-rule-policy2] source-address 192.168.0.0 16
[FW2-policy-security-rule-policy2] destination-address 172.16.0.0 16
[FW2-policy-security-rule-policy2] action permit
[FW2-policy-security-rule-policy2] quit
```

（4）配置 untrust 域与 local 域之间的域间安全策略

配置 local 域和 untrust 域的域间安全策略的目的为允许 IPSec 隧道两端设备通信，使其能够进行隧道协商。

```
[FW2-policy-security] rule name policy3
[FW2-policy-security-rule-policy3] source-zone local
[FW2-policy-security-rule-policy3] destination-zone untrust
[FW2-policy-security-rule-policy3] source-address 100.0.0.3 32
[FW2-policy-security-rule-policy3] destination-address 100.0.0.2 32
[FW2-policy-security-rule-policy3] action permit
[FW2-policy-security-rule-policy3] quit
[FW2-policy-security] rule name policy4
[FW2-policy-security-rule-policy4] source-zone untrust
[FW2-policy-security-rule-policy4] destination-zone local
[FW2-policy-security-rule-policy4] source-address 100.0.0.2 32
[FW2-policy-security-rule-policy4] destination-address 100.0.0.3 32
[FW2-policy-security-rule-policy4] action permit
[FW2-policy-security-rule-policy4] quit
[FW2-policy-security] quit
```

（5）配置到达目的网络 A 的静态路由，此处假设到达网络 A 的下一跳地址为 100.0.0.2

```
[FW2] ip route-static 192.168.0.0 255.255.0.0 100.0.0.2
```

4. 在 FW2 上配置 IPSec 策略，并在接口上应用此 IPSec 策略

（1）配置高级 ACL 3000，允许 172.16.0.0/16 网段访问 192.168.0.0/16 网段

```
[FW2] acl 3000
[FW2-acl-adv-3000] rule 5 permit ip source 172.16.0.0 0.0.255.255 destination 192.168.0.0 0.0.255.255
[FW2-acl-adv-3000] quit
```

（2）配置 IPSec 安全提议

```
[FW2] ipsec proposal tran1
[FW2-ipsec-proposal-tran1] esp authentication-algorithm sha2-256
[FW2-ipsec-proposal-tran1] esp encryption-algorithm aes-256
[FW2-ipsec-proposal-tran1] quit
```

（3）配置 IKE 安全提议

```
[FW2] ike proposal 10
```

[FW2–ike–proposal–10] authentication–method pre–share

[FW2–ike–proposal–10] prf hmac–sha2–256

[FW2–ike–proposal–10] encryption–algorithm aes–256

[FW2–ike–proposal–10] dh group14

[FW2–ike–proposal–10] integrity–algorithm hmac–sha2–256

[FW2–ike–proposal–10] quit

（4）配置 IKE peer

[FW2] ike peer peer–FW1

[FW2–ike–peer–a] ike–proposal 10

[FW2–ike–peer–a] remote–address 100.0.0.2

[FW2–ike–peer–a] pre–shared–key P@ssw0rd

[FW2–ike–peer–a] quit

（5）配置 IPSec 策略

[FW2] ipsec policy map1 10 isakmp

[FW2–ipsec–policy–isakmp–map1–10] security acl 3000

[FW2–ipsec–policy–isakmp–map1–10] proposal tran1

[FW2–ipsec–policy–isakmp–map1–10] ike–peer peer–FW1

[FW2–ipsec–policy–isakmp–map1–10] quit

（6）在接口 GE1/0/1 上应用 IPSec 策略组 FW1

[FW2] interface gigabitethernet 1/0/1

[FW2–GigabitEthernet1/0/1] ipsec policy FW1

[FW2–GigabitEthernet1/0/1] quit

5. 结果验证

1）配置完成后，在 PC1（IP 地址为 192.168.4.10）执行 ping 命令到 PC10（IP 地址为 172.16.0.10），触发 IKE 协商。

若 IKE 协商成功，则隧道建立后可以 ping 通 PC10。反之，IKE 协商失败，隧道没有建立则 PC1 不能 ping 通 PC10。

2）分别在 FW1 和 FW2 上执行 display ike sa 和 display ipsec sa 命令显示安全联盟的建立情况。以 FW2 为例，出现类似以下显示说明 IKE 安全联盟、IPSec 安全联盟建立成功。

```
<FW2> display ike sa
IKE SA information :
  Conn–ID    Peer          VPN  Flag(s) Phase RemoteType RemoteID
  ----------------------------------------------------------------------------
  15744241   100.0.0.2:500       RD|ST|A  v2:2  IP         100.0.0.2
  15744241   100.0.0.2:500       RD|ST|A  v2:1  IP         100.0.0.2
  Number of IKE SA : 2
  ----------------------------------------------------------------------------

  Flag Description:
  RD––READY  ST––STAYALIVE  RL––REPLACED  FD––FADING  TO––TIMEOUT
  HRT––HEARTBEAT  LKG––LAST KNOWN GOOD SEQ NO.  BCK––BACKED UP
  M––ACTIVE  S––STANDBY  A––ALONE  NEG––NEGOTIATING
<FW2> display ipsec sa
ipsec sa information:
  ================================
Interface: GigabitEthernet1/0/1
```

```
==============================================
----------------------------------------------
IPSec policy name: "FW1"
Sequence number      : 10
Acl group            : 3000
Acl rule             : 5
Mode                 : ISAKMP
----------------------------------------------

 Connection ID       : 73503372
 Encapsulation mode: Tunnel
 Tunnel local        : 100.0.0.3
 Tunnel remote       : 100.0.0.2
 Flow source         : 172.16.0.10/255.255.255.255 0/0
 Flow destination    : 192.168.1.10/255.255.255.255 0/0

 [Outbound ESP SAs]
 SPI: 763043568 (0x2d44569a)
 Proposal: ESP-ENCRYPT-AES-256 SHA2-256-128
 SA remaining key duration (kilobytes/sec): 0/2071
 Max sent sequence-number: 1
 UDP encapsulation used for NAT traversal: N
 SA encrypted packets (number/kilobytes): 4/0

 [Inbound ESP SAs]
 SPI: 163241678 (0x9baddd2)
 Proposal: ESP-ENCRYPT-AES-256 SHA2-256-128
 SA remaining key duration (kilobytes/sec): 0/2071
 Max received sequence-number: 3203668
 UDP encapsulation used for NAT traversal: N
 SA decrypted packets (number/kilobytes): 4/0
 Anti-replay : Enable
 Anti-replay window size: 1024
```

【知识补充】

一、IPSec 简介

IPSec（Internet Protocol Security）是 IETF（Internet 工程任务组）制定的一组开放的网络安全协议，最早是为 IPv6 提供安全性，后来移植到 IPv4 为网络提供安全性。

在 Internet 的传输中，绝大部分数据的内容在网络层都是明文传输的，如果应用层同样没有提供安全性，则会存在很多潜在的危险，比如，账号、密码、银行账户的信息被窃取、篡改，用户的身份被冒充，遭受网络恶意攻击等。在网络中部署 IPSec 后，可对传输的数据进行保护处理，降低信息泄露的风险。

IPSec 并不是一个单独的协议，而是一系列为 IP 网络提供安全性的协议和服务的集合，也可以称为架构，如图 4-38 所示。

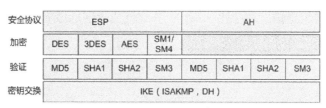

图 4-38　IPSec 架构

1. AH 和 ESP 简介

IPSec 通过验证头 AH（Authentication Header）和封装安全载荷 ESP（Encapsulating Security Payload）两个安全协议实现 IP 报文的安全保护。

AH 是报文头验证协议，主要提供数据源验证、数据完整性验证和防报文重放功能，不提供加密功能。

ESP 是封装安全载荷协议，主要提供加密、数据源验证、数据完整性验证和防报文重放功能。

AH 和 ESP 提供的安全功能依赖于协议采用的验证、加密算法。

AH 和 ESP 都能够提供数据源验证和数据完整性验证，使用的验证算法为 MD5、SHA1、SHA2-256、SHA2-384、SHA2-512 和 SM3 算法。

ESP 还能够对 IP 报文内容进行加密，使用的加密算法为对称加密算法，包括 DES、3DES、AES、SM1 和 SM4。

IPSec 加密和验证算法所使用的密钥可以手工配置，也可以通过 IKE（Internet Key Exchange，互联网密钥交换）协议动态协商。IKE 协议建立在 ISAKMP（Internet Security Association and Key Management Protocol，Internet 安全联盟和密钥管理协议）框架之上，采用 DH（Diffie-Hellman）算法在不安全的网络上安全地分发密钥、验证身份，以保证数据传输的安全性。IKE 协议可提升密钥的安全性，并降低 IPSec 管理复杂度。

2. IPSec 提供的安全特性

IPSec 通过加密和验证等方式，在以下几个方面保障了用户业务数据在 Internet 中的安全传输。

数据来源验证：接收方验证发送方身份是否合法。

数据加密：发送方对数据进行加密，以密文的形式在 Internet 上传送，接收方对接收的加密数据进行解密后处理或直接转发。

数据完整性：接收方对接收的数据进行验证，以判定报文是否在传输过程中被篡改。

数据防重放：接收方拒绝旧的或重复的数据包，防止恶意用户通过重复发送捕获到的数据包进行攻击。

二、IPSec VPN 实现方式

IPSec VPN 实现方式主要有两种：站点到站点 VPN—IPSec 和通过 IPSec VPN 实现移动用户远程安全接入。

1. 站点到站点 VPN—IPSec

站点到站点 VPN 称为局域网到局域网 VPN 或网关到网关 VPN，主要用于两个网关之间建立 IPSec 隧道，从而实现局域网之间安全地互访。点到点 IPSec VPN 典型组网如图 4-39 所示。

点到点 VPN 两端的网关必须提供固定的 IP 地址或固定的域名，通信双方均可以主动发起连接。

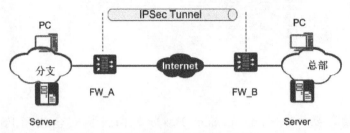

图 4-39　点到点 VPN—IPSec

2. 通过 IPSec VPN 实现移动用户远程安全接入

远程接入是指出差员工或者合作伙伴在非固定办公地点，例如，在酒店、车站等工作场所等，通过不安全的接入网或公网接入公司核心网络，并访问公司核心网中的内部资源。由于远程接入是通过不安全的网络接入的，为了保证远程访问的安全性，可通过部署 IPSec VPN，在用户终端和核心网网关之间构建 IPSec 隧道，通过 IPSec 协议来保证数据的安全可靠传输，如图 4-40 所示。

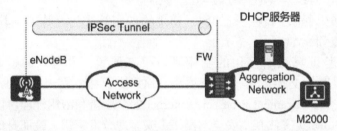

图 4-40　通过 IPSec VPN 实现移动用户远程安全接入

三、IPSec 原理及概念

IPSec 安全传输数据的前提是在 IPSec 对等体（即运行 IPSec 协议的两个端点）之间成功建立安全联盟 SA（Security Association）。SA 是通信的 IPSec 对等体间对某些要素的约定，例如，对等体间使用何种安全协议、需要保护的数据流特征、对等体间传输的数据的封装模式、协议采用的加密算法、验证算法，对等体间使用何种密钥交换和 IKE 协议，以及 SA 的生存周期等。

1. 安全联盟

SA 由一个三元组来唯一标识，这个三元组包括安全参数索引 SPI（Security Parameter Index）、目的 IP 地址和使用的安全协议号（AH 或 ESP）。其中，SPI 是为唯一标识 SA 而生成的一个 32 位的数值，它在 AH 和 ESP 头中传输。在手工配置 SA 时，需要手工指定 SPI 的取值。使用 IKE 协商产生 SA 时，SPI 将随机生成。

SA 是单向的逻辑连接，因此两个 IPSec 对等体之间的双向通信，最少需要建立两个 SA 来分别对两个方向的数据流进行安全保护。如图 4-41 所示，为了在对等体 A 和对等体 B 之间建立 IPSec 隧道，需要建立两个安全联盟，其中，SA1 规定了从对等体 A 发送到对等体 B 的数据采取的保护方式，SA2 规定了从对等体 B 发送到对等体 A 的数据采取的保护方式。

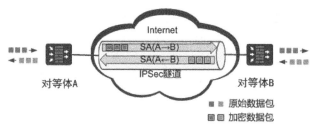

图 4-41 IPSec 安全联盟

有两种方式建立 IPSec 安全联盟：手工方式和 IKE 自动协商方式。

2. 安全协议

IPSec 使用认证头 AH 和封装安全载荷 ESP 两种安全协议来传输和封装数据，提供认证或加密等安全服务。

AH 协议：AH 是一种基于 IP 的传输层协议，协议号为 51。其工作原理是在每一个数据包的标准 IP 报头后面添加一个 AH 报文头。AH 对数据包和认证密钥进行 Hash 计算，接收方收到带有计算结果的数据包后，执行同样的 Hash 计算并与原计算结果比较，传输过程中对数据的任何更改将使计算结果无效，这样就提供了数据来源认证和数据完整性校验。AH 协议的完整性验证范围为整个 IP 报文。

ESP：ESP 是一种基于 IP 的传输层协议，协议号为 50。其工作原理是在每一个数据包的标准 IP 报头后面添加一个 ESP 报文头，并在数据包后面追加一个 ESP 尾。ESP 将数据中的有效载荷进行加密后再封装到数据包中，以保证数据的机密性，但 ESP 没有对 IP 头的内容进行保护。

3. 加密

加密是一种将数据按照某种算法从明文转换成密文的过程，接收方只有在拥有正确的密钥的情况下才能对密文进行解密，从而保证数据的机密性，防止数据在传输过程中被窃听。IPSec 工作过程中涉及数据加密和协议消息加密两种加密情况。

常用的对称加密算法包括：

DES：DES 是由美国国家标准与技术研究院（NIST）开发的。它使用 56 位的密钥对一个 64 位的明文块进行加密。

3DES：3DES 是一种增强型的 DES 标准，它在需要保护的数据上使用 3 次 DES，即使用 3 个不同的 56 位的 DES 密钥（共 168 位密钥）对明文进行加密。3DES 与 DES 相比，3DES 具有更高的安全性，但其加密数据的速度要比 DES 慢得多。

AES：AES 被设计用来替代 3DES，提供更快和更安全的加密功能。AES 可以采用 3 种密钥：AES-128、AES-192 和 AES-256，其密钥长度分为 128 位、192 位、256 位。随着密钥长度的提升，加密算法的保密及安全性要求更高，但计算速度也更慢。一般情况下 128bit 就可以充分满足安全需求。

国密算法（SM1 和 SM4）：国密算法是由国家密码管理局编制的一种商用密码分组标准对称算法，国密算法的分组长度和密钥长度都为 128bit。

在安全级别要求较高的情况下，使用 SM1 或 SM4 国密算法可以充分满足加密需求。

4. 验证

验证指 IP 通信的接收方确认数据发送方的真实身份以及数据在传输过程中是否遭篡改。

前者称为数据源验证，后者称为数据完整性验证，IPSec 通过这两种验证保证数据真实可靠。数据源验证和数据完整性验证这两种安全服务总是绑定在一起提供的。

常用的验证算法包括：

MD5：MD5（Message Digest 5，消息摘要）在 RFC 1321 中有明文规定，输入任意长度的消息，MD5 产生 128 位的签名。MD5 比 SHA 更快，但是安全性稍差。

SHA1：SHA（Secure Hash Algorithm，安全散列算法）是由 NIST 开发的。在 1994 年对原始的 HMAC 功能进行了修订，被称为 SHA1。输入长度小于 264bit 的消息，SHA1 产生 160 位的消息摘要。SHA1 比 MD5 要慢，但是更安全。因为它的签名比较长，具有更强大的防攻破功能，并可以更有效地发现共享的密钥。

SHA2：SHA2 是 SHA1 的加强版本，SHA2 算法相对于 SHA1 加密数据长度有所上升，安全性能要远远高于 SHA1。SHA2 算法包括 SHA2-256、SHA2-384 和 SHA2-512，密钥长度分别为 256 位、384 位和 512 位。随着密钥长度的上升，认证算法安全强度更高，但计算速度慢。一般情况下 256 位就可以充分满足安全需求。

SM3：SM3（Senior Middle3，国密算法）是国家密码管理局编制的商用算法，用于密码应用中的数字签名和验证、消息认证码的生成与验证以及随机数的生成，可满足多种密码应用的安全需求。

以上几种算法各有特点，MD5 算法的计算速度比 SHA1 算法快，而 SHA1 算法的安全强度比 MD5 算法高，SHA2、SM3 算法相对于 SHA1 来说，加密数据位数的上升增加了破解的难度，使得安全性能要远远高于 SHA1。

5. IKE 协议

IKE（Internet Key Exchange，互联网密钥交换）协议建立在 Internet 安全联盟和密钥管理协议 ISAKMP 定义的框架上，是基于 UDP 的应用层协议。它为 IPSec 提供了自动协商密钥、建立 IPSec 安全联盟的服务，简化 IPSec 的使用和管理，大大简化了 IPSec 的配置和维护工作。

项目总结

本项目的 10 个任务对园区网模块的安全性进行了讲述。其中路由器和交换机的基础配置是企业中设备连通的基础，配置多生成树协议保证了在阻塞冗余链路的情况下减小了广播域，交换机中配置虚拟路由冗余协议防止网关的单点失败，在路由器和交换机上配置 SSH 保证了远程访问设备时的安全，在交换机上配置 DHCP Snooping 防止未经授权的 DHCP 服务器进入网络，配置路由器和交换机攻击防范及 ARP 安全在一定程度上防范病毒攻击，防火墙进行基础配置保证网络的连通性，防火墙配置 NAT 和防火墙策略保证私网 IP 能访问 Internet，防火墙开启入侵防御功能防止外网用户对内网发起的各种攻击，防火墙配置 IPSec VPN 保证移动用户访问公司网络时加密传输数据。